高等院校“十四五”应用型艺术设计教育系列规划教材

建筑与风景写生

主　编　田筱源　唐映梅　王　弥
副主编　周英俊　代欣欣　黄文风　袁文学

内 容 提 要

本书强调对学生审美能力的培养，选取不同建筑与风景题材的多种风格作品进行讲解，通过建筑与风景写生概论介绍，带领学生掌握写生的基本作画步骤和写生方法，有效地引导学生掌握绘画写生的技能，从而有效运用到绘画创作实践领域。本书共分为六章:建筑与风景写生概论、建筑与风景写生作画步骤、建筑局部与自然风景写生、城市建筑写生、民居建筑写生、建筑风景写生大师作品欣赏。本书需要通过实践环节，使学生在实践中提升绘画动手能力和审美，从建筑之美、自然之美中提升艺术的核心素养。

图书在版编目(CIP)数据

建筑与风景写生/田筱源，唐映梅，王弥主编. --合肥：合肥工业大学出版社，2024.

ISBN 978-7-5650-6798-3

Ⅰ. TU204.11

中国国家版本馆CIP数据核字第20246K3Y95号

建筑与风景写生

田筱源　唐映梅　王　弥　主编　　　　责任编辑　张　慧

出　版	合肥工业大学出版社	版　次	2024年8月第1版
地　址	合肥市屯溪路193号	印　次	2024年8月第1次印刷
邮　编	230009	开　本	889毫米×1194毫米　1/16
电　话	人文社科出版中心：0551-62903205	印　张	10.5
	营销与储运管理中心：0551-62903198	字　数	190千字
网　址	press.hfut.edu.cn	印　刷	安徽联众印刷有限公司
E-mail	hfutpress@163.com	发　行	全国新华书店

ISBN 978-7-5650-6798-3　　　　定价：58.00元

前言

建筑写生将学习如何观察建筑物的结构、形态比例和细节，并通过绘画来表达所观察和理解的建筑。风景写生画诞生于16世纪，在之后的几个世纪中逐渐被确立为专门的绘画门类，至今已有近五百年的历史。风景写生是人类绘画艺术活动中一种常见方式。19世纪是欧洲风景画的成熟、鼎盛与变革的重要时期，大师层出不穷，风格多样，形式多元。从20世纪初开始油画与风景写生艺术逐渐广泛进入中国，时至今日艺术实践课程已经成为艺术爱好者和美术学院的必修课程，有些艺术家甚至将建筑与风景写生作为终身的艺术目标。

艺术实践课程建筑与风景写生能够帮助学生培养对建筑艺术的兴趣和理解。通过实地去观察建筑物，学生可以亲身感受到建筑的美感和造型特点，观察建筑物的外观和探究其内部构造，深入了解建筑功能。通过写生，学生可以将自己对建筑的理解和感受通过画笔传达并加强对建筑艺术的认识。艺术实践课程建筑与风景写生可以帮助学生提高观察意识和绘画的审美能力，培养绘画的艺术感知能力，以及帮助学生培养创造与表达能力。

任何一门艺术课程的发展，都离不开专业教育的发展，二者是相辅相成的。但专业教育的专业能力如何、专业经验丰富程度，直接影响该艺术的发展。在这些年艺术实践课程的教学之余，我们有意编写这本《建筑与风景写生》。经过近些年来的准备工作，又邀约了多位名家、教授的大量示范作品后，本教材的编写工作正式开启。本教材编撰跨时两年，得到了多位专家的指正。根据他们提出的宝贵意见，我们进行多次修改才得以完成。很多画家朋友和学生们无私地把他们的作品提供给本教材作为插图使用，让本教材的艺术水准得到了极大的提升。合肥工业大学出版社的工作人员也倾注了大量的心血，再次表达深深的感谢!

最后，由于本教材难免会存在诸多不足，恳请读者予以指正。我们愿与读者朋友们一起，为构建中华文化艺术传统事业与艺术实践课程的教学尽绵薄之力。

目录

1 第一章　建筑与风景写生概论

建筑风景的写生对于各大美术类专业的创作者来说，是必不可少的一环。通过研习建筑与风景写生，可以培养人们对建筑风景的观察力和审美能力，洞察传统建筑中的文化细节，感悟古人天人合一的大智慧与理想境界。我们应当从传统建筑中汲取文化的养分，尊重和理解传统文化，传承并发扬中华优秀传统文化的精髓。那么建筑与风景写生该从何入手呢？本章将分别从建筑与风景写生的基本知识、建筑风景在艺术实践课程中的作用和意义、建筑风景写生的材料使用三个小节来探讨这一问题。

知识点：

写生的基本概念、基本技法，建筑与风景写生的特点和表现方法，建筑与风景写生的材料使用要点。

教学目标：

1. 技能目标：理解建筑与风景写生的基本知识概念，熟练掌握建筑与风景写生的表现技巧。

2. 情感目标：通过学习中国传统文化中建筑与风景的相关知识，培养人们的观察力，提高人们的审美能力，激发人们对于传统文化的追求与热爱。

3. 素养目标：建筑与风景写生的学习可以提高人们的观察能力与审美意识，当人们具备了一定的观察能力和审美意识，可以更敏感地捕捉到传统文化的独特美感，也可以丰富个人的审美体验。

教学重点：

理解建筑与风景写生的基本概念，能够熟练掌握各种材料的基本技法。

教学难点：

能够熟练运用所学知识，综合运用各种工具与材料创作具有形式美感的构图与画面。

思政小课堂

每一座城市都有着各自的性格与文化特点，这在每座城市的标志性建筑风景中体现得尤为明显，因此研究不同城市的建筑风景要结合该城市的历史文化特点与环境特点进行分析。中国的建筑形式注重外形的优柔美、讲究庭院的格局与空间。通过对中国传统建筑的研究，我们可以感受到古人的高级审美，即天人合一的理想境界。我们应当从传统建筑中汲取文化的养分，尊重和理解传统文化，传承并发扬中华优秀传统文化的精髓。

第一节　建筑与风景写生的基本知识

建筑与风景写生是艺术实践学习中的重要一环，它通过观察和描绘自然环境或实物来展现创作者对于基础造型的理解和表现。作为艺术实践课程中十分重要的内容，建筑与风景写生不仅能帮助创作者掌握绘画技巧，还能帮助他们提高自身的观察力和表现力。在本节内容中，我们将了解建筑与风景写生的概念，探讨其方法和构图技巧，并学习其中的色彩基本规律和原理，帮助广大艺术创作者们快速且有效地提升写生技巧和艺术表现能力。希望同学们经过本节内容学习后，能更清晰地理解建筑与风景写生的本质和要义，为将来的艺术发展打好坚实的基础。

一、建筑与风景写生的概念

1. 何为建筑与风景写生

建筑与风景写生，就是走进大自然中取景，找到自己感兴趣的题材与角度，将选好的风景进行绘画创作。写生可以借助各种类型的色彩材料进行绘画，每种材料的特点有所区别，创作者可以结合对景物的理解，合理利用材料来塑造自己想要的画面效果。风景写生大多在室外进行，也可以在室内完成。建筑与风景写生是艺术创作中常见的重要方法，它能够使创作者更好地观察和理解客观世界的各种特点，比如色彩、形态、光影、形状，以及建筑在不同地区、不同时期的文化风格等，都可以通过艺术的表现手法塑造出来。

图 1-1-1　户外写生

我国五千年悠久的历史中，建筑风景写生的绘画史论可追溯至唐朝，其时的写生绘画理论已相当成熟，并深深地影响了后世。在五代时期，建筑风景写生绘画已经发展为独立的画种，北宋时期的透视技术更是达到了相当成熟的程度，处于当时世界领先水平。这些建筑风景写生的绘画作品，不仅能够再现建筑风景，也能深刻地反映出当时的社会生活状态、文化面貌以及人们的审美趣味。画家们通过绘画，向大众展示了古代建筑的精致工艺和壮丽气势，同时融入周围的自然环境，体现了中国传统文化对于尊重自然、与自然和谐共处的坚持。这些作品为后世提供了宝贵的艺术和历史资源，成为中国绘画艺术中不可或缺的一部分，极大地推动了中国绘画文化的丰富和传承。

与西方绘画不同，中国建筑风景写生的绘画并不完全受光影和透视限制，而是更注重于画面的整体和氛围，构图十分精巧且独具一格。中国建筑风景写生绘画的画法也十分多样，有设色、白描等，呈现出丰富的画面风格，它的这种多样性使其至今仍具有极大的借鉴意义。

在《清明上河图》中，张择端生动地记录了12世纪中国城市生活的面貌，对人民的生活状态、城市的崭新面貌、民风民俗做了深入的表现。这幅作品也是中国绘画史上一幅独一无二的作品。画面中心位置是一座宏伟的城门，商铺、居所等建筑物围绕其旁，整齐有序地排列，形成了一幅犹如鱼鳞般密集的城市景象。这些建筑物中包含了各种商铺，如肉铺、酒肆、茶坊等。其丰富的内容和生动的描绘，如实地展示了北宋京城的经济、社会和文化特征，以及居民安居乐业的生活状态。居于画面中心的城门，高耸壮观，气势磅礴，象征其威严。城门两旁的商铺，展示了当时城市生活的繁荣和多元。在茶坊，人们享受着茶香，交流着雅趣；在酒肆，人们欢声笑语，喧嚣热闹；在肉铺，各色新鲜肉品诱人，吸引着过路的人购买；在庙宇，人们怀着虔诚的心祈祷，希望家人幸福、生意兴隆。这种生动的描绘，让观者仿佛置身其中，感受到了北宋京城的生活气息。

《清明上河图》的绘画技法独特，线条流畅，色彩运用娴熟，构图精妙，形状设计巧妙，画面中的建筑形态和细节都被生动有力地展现出来。以画面中心的城门为例，线条流畅有力，展示了北宋建筑的雄伟壮丽；建筑细节描绘精细入微，从瓦片的纹理到门窗的雕刻，都展现了画家的技巧和艺术造诣。在色彩运用上，画家巧妙地运用了鲜明的色彩对比，使得建筑形象更加生动。从城门的朱红色到建筑的各种色彩，都增添了画面的生动感和魅力。

图 1-1-2 张择端《清明上河图》局部

2. 中国的建筑与风景写生

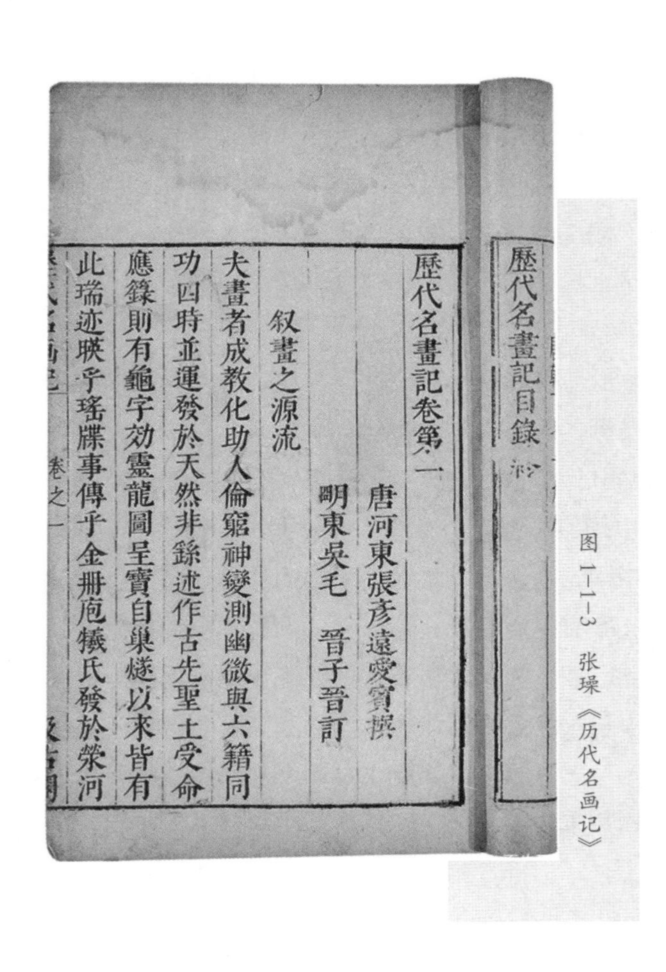

歷代名畫記卷第一

唐河東張彥遠愛賓撰

明東吳毛　晉子晉訂

敘畫之源流

夫畫者成教化助人倫窮神變測幽微與六籍同功四時並運發於天然非繇述作古先聖王受命應籙則有龜字効靈龍圖呈寶自巢燧以來皆有此瑞迹暎乎瑤牒事傳乎金冊庖犧氏發於滎河

图 1-1-3　张璪《历代名画记》

唐代书画家张璪在他的著作《历代名画记》中阐述了一种重要的艺术创作观点："外师造化，中得心源"，这一理论代表了中国美学史上"师造化"理论的典型观点。

"造化"，即为大自然，"心源"即为艺术创作者内心的感悟。"外师造化，中得心源"也就是说艺术创作者要师法自然，学于自然之中，但自然中的细节太过于烦琐，逐一进行描摹并不能实现艺术之美，要对自然进行主观感悟并归纳概括，大胆取舍或对其组织重构，将自然美转变为艺术美，这需要创作者内心的情思和构设。对于这一转化过程，创作者内心的情思和构设是不可或缺的。

创作者通过观察大自然的细微之处，从中汲取灵感，吸收自然的美丽之处并加以艺术化的再创作。这种再创作并非简单的复制，而是需要创作者内心的感悟和理解。创作者必须通过自己的情感和思想对自然进行再构思，将内心的情感融入作品中，使之超越自然的原本形态，达到艺术的美学标准。因此，艺术创作不仅仅是对自然的模仿，更是对自然美的提炼和升华，需要通过创作者自身的情感和构思来完成这一转化的过程。所以，"外师造化，中得心源"体现了艺术创作中外部启发与内心感悟的统一，是艺术创作过程中不可或缺的两个重要因素。

建筑与风景写生是画家学习绘画的必经之路，现今我们的艺术院校也将建筑与风景写生相关课程作为培养艺术人才的重要课程，从而培养了一批又一批优秀的画家。随着国际艺术的影响，中国创作者步入了一个更加繁荣多元化的时代，画坛上出现了各种不同的流派，观念上也发生了很大的变化。一些画家侧重于符号化的复制，导致画面缺乏生动感和亲切感，变得空洞，从而束缚了画家在情感上的真实表现。因此，一些创作者意识到了写生的重要性，纷纷拿起了久违的画箱，向大自然求师，寻找各自画面的真实感情。

今天的写生不仅仅是描绘丰富的色彩，更重要的是要表现出"生动"，追求传统绘画的意境表达，这可能更符合中国人的写生观念。中国画的写生不仅是描绘物象外形，更重要的是记录物象的精神，通过感悟来传达画面的生动境界，领悟宇宙的生机气象。艺术的灵感来源于社会生活，但又超越了社会生活。创作者在创作作品时，已不再简单地再现和模仿社会生活，而是通过创作者自身的审美意识和审美创造来加以塑造，实现主体与客体、再现与表现的高度统一。

五代时期的画家荆浩提出了"六要"这一创作理论，其中以"气""韵"来论述绘画形式效果，以"思"来谈作画想法思路，以"笔""墨"来谈材料技法，这些都是关于如何"中得心源"的内容。而北宋时期的画家郭熙在《林泉高致》中更加丰富了这一创作理论，具体阐述了如何“外师造化”，进一步丰富了“六要”理论中的“景”这一要素。

宋代是中国历史上绘画艺术，特别是山水画发展的高峰，也是建筑绘画开始形成自身独特风格和体系的时期。北宋画家范宽在一生只留下了一句论画的观点，即“前人之法，未尝不近取诸物，吾与其师于人者，未若师诸物也。吾与其师于物者，未若师诸心”。范宽的这句话阐述了他的创作理念，强调从自然中获取灵感和启示的重要性。这与“外师造化，中得心源”的论调不谋而合，都揭示了艺术创作的源头。范宽认为，前人创作的方法在于从物象中寻找灵感，而他更看重的则是物象本身作为导师，同时他也认为真正的导师应该是内心，因为只有深入理解和表达内心的情感，作品才能更具活力和灵魂。范宽强调了对自然和心灵深刻感悟的重要性，认为只有深入理解自然，才能达到真正的艺术创作。范宽的艺术理念启示了后人，成为中国绘画史上的经典，对后世画家产生了深远的影响。

李唐不仅在山水画领域造诣深厚，他的建筑画也同样优秀，其画作通过精心布局和细腻描绘，将建筑巧妙地融入自然景观，展示出一种建筑与自然和谐共融的美感。北宋的第八位皇帝宋徽宗对当时的绘画艺术贡献巨大，其代表作品《瑞鹤图》对于建筑与仙鹤的刻画，生动地体现了当时建筑画的辉煌。北宋郭熙的《早春图》标志着一种新的山水画风格的诞生。他在作品中对建筑的巧妙处理和布局，虽然不是画面的主要焦点，却反映了他对自然环境的精确观察和深刻理解，这一点在他的作品和理论中体现得淋漓尽致。郭熙的艺术实践和理论阐述为人们提供了如何从大自然汲取灵感和表达内在情感的清晰视角。郭熙不仅丰富了荆浩提出的“六要”绘画理论，拓展了其深度和广度，而且对中国绘画理论产生了重要影响，启迪了一代又一代的艺术家。继李成、李唐、郭熙之后，马远和夏圭等人也是这一时期的重要画家。马远的山水画注重气韵生动，夏圭则以精细的笔法和清新的色彩著称。他们的画作，虽然以山

图 1-1-4　赵佶《瑞鹤图》

图 1-1-5　郭熙《早春图》

水为主，但其中的建筑元素，如小桥、人家、亭台，都被赋予了丰富的情感和哲理，使得画面既生动又富有意境。经过这些艺术家的创作与理念分享，中国绘画理论得以丰富发展，影响深远，为后世绘画艺术的繁荣奠定了坚实的基础。

石涛，作为“清初四僧”之一的画家，他强调创作过程中画家的个性和直觉的重要性。他的绘画理念与“外师造化，中得心源”的观点相吻合，同样重视创作者的主动性，这对后世产生了深远影响。《对菊图》不仅体现了他超凡的艺术技巧，更深刻地展示了他与自然界的内心交流。石涛强调，只有深入大自然和生活，我们才能在画作中体现出对大自然的感情，这种表现方式令人耳目一新。我们可以将“师造化”的过程理解为“心”与“造化”相通的过程。这个过程必须通过“观”“感”“应”与时空相一致，“师造化”的目的即是培养“心源”，使“造化”与“心源”合一。

进入明清时代，画风发生了变化，绘画形式变得更加多样化。清代的建筑画家们在继承前人传统的基础上，部分融合了中西的绘画技巧，不断创新，从而展现了清代绘画艺术的广阔视野。

每个朝代的画家们都在建筑绘画史上留下了深刻的印记，不断探索“外师造化，中得心源”的艺术境界。他们的作品不仅仅是对建筑外观的描绘，更是内心世界与自然环境交融的体现。从唐宋到明清，中国建筑绘画经历了从形式到内涵的深刻变化，不仅展示了中国古代建筑之美，也反映了中国古代文人的哲学思想和审美情趣。

3. 西方的建筑与风景写生

作为一种直接面对并描绘对象的艺术形式，写生在文艺复兴时期兴起，那时的写生主要局限于在室内对模特进行绘制。写生不仅是面对自然的过程，也是与自然对话的过程。在这个过程中，创作者将瞬息万变、无常的自然美景通过画笔定格下来。更准确地说，写生是创作者用自身的感知去观察和表达自然中的精神，是对人类精神与宇宙和谐共生的表达。大自然的万物以其生命的变化和运动唤起人们的视觉审美，创作者通过与它们深度交流，更好地捕捉并表达物象。

中国传统国画与西方建筑风景绘画在风景处理方式和表现手法上存在差异。中国国画追求“师法自然”，强调风景的超体验与感悟，追求意境展现；而西方的建筑与风景写生经历装饰性、真实性到意象性的转变，西方的艺术家们逐步深化了对建筑风景的理解与表达。

在西方艺术历史的发展中，建筑风景和写生绘画一直占有重要的地位，追求从自然中学习色彩规律、造型规律，这与中国的“师造化”理论有着异曲同工之妙。特别是自印象派以来，创作者们开始追求户外写生，希望能够在大自然的环境中捕捉到最真实、最直接的色彩和冷暖感觉，这对于艺术创作者们的观察力和表现力提出了很高的要求。

图 1-1-6　石涛《对菊图》

在写生的过程中，艺术创作者们需要面对自然，与自然展开对话。他们需要准确描绘对象的形态、质感和氛围，同时也需要表达出自我对于所绘场景的理解和感受。在这一过程中，画家深入洞察色彩和空间的关系，并恰当地运用各种绘画媒介在画布上进行表现。写生绝非对自然的简单复制，而是要通过个人的理解和感悟，对自然进行再创作。如印象派、纳比画派等创作者们在写生时，更为注重捕捉光线和色彩的变化，他们的作品色彩明快，笔触活泼，展现出一种明媚的感觉；表现主义、象征主义等创作者们则更注重表达内心的情感和思想，他们的作品色彩深沉，线条简练，给人一种神秘的感觉。

在艺术史的不断发展和变化中，建筑风景和写生不仅提高了创作者们的观察力和表现力，也丰富了艺术的表现手法和主题。从文艺复兴时期的写生，到19世纪的写生，再到现代各派别的写生，我们可以看到创作者们对自然的热爱和对艺术的追求，建筑风景和写生绘画在艺术历史中一直发挥着重要的作用。

西方建筑风景绘画源于古希腊罗马时期的壁画和镶嵌画。这些早期作品受到图解和装饰功能的限制与形式束缚。古罗马人通过诗歌、书信等方式表达对乡村风景的热爱，可视为建筑风景绘画的初步探索。文艺复兴时期，西方创作者开始重新关注建筑风景的描绘。17世纪的荷兰画派通过逼真细致的技法展现对风景的热爱。现代主义兴起后，西方创作者受到东方意境画的启发，开始创作富有情感和意象的风景画，不再单纯追求客观描绘，而是通过色彩、光影等手段表达内心体验，把风景变成内心世界的映射。

图 1-1-7　乔尔乔内《暴风雨》

在14世纪，建筑风景绘画多作为宗教或历史画作的背景出现，艺术家们并不专注于风景本身。随着时间的推移和艺术技巧的发展，风景在画作中的表现逐渐发生了变化，乔尔乔内的《暴风雨》便是这一变化的代表之一，它标志着风景开始成为艺术家表现情感和构思主题的重要元素。《暴风雨》在风景绘画中具有里程碑意义，因为它可能是首个将风景作为主要主题来处理的西方艺术作品。乔尔乔内在这幅画中展示了他对建筑和自然环境的深刻理解。画中的建筑，虽然具有当时威尼斯建筑的特点，但并没有遵循严格的透视法则，而是更多地依据感觉和艺术表现需要来布局。这些不完全符合透视原则的建筑，与周围的自然环境和即将到来的暴风雨共同营造了一种神秘而紧张的气氛。

乔尔乔内的这幅作品中，建筑和自然景观之间的关系不再是单纯的背景与前景的关系，而是相互交织，共同构成了画面的主题。建筑在这里不仅仅是一个静态的存在，而是与自然力量，即暴风雨相互作用，体现了自然和人类生活的紧密联系。乔尔乔内作品中的建筑风景，虽然仍含有一些传统的象征意义，但乔尔乔内更多地关注通过风景来传达一种情感状态，这对于建筑与风景写生来说，是更强化了建筑与风景的意义。从人与自然来看，也是自由意识的逐渐觉醒，这在14世纪的艺术和人文历史中具有重大的研究价值。

乔尔乔内的这一创作手法预示了风景绘画从传统背景角色向独立主题转变的趋势，并对后来的风景画家产生了深远的影响。他并不满足于仅仅复制自然，而是试图捕捉大自然的变幻无常和其激发的情感反应，这种做法为后世的自然主义和风景绘画开辟了新的路径。

15世纪初，尤其是在佛兰德地区，像凡・埃克这样的艺术家开始对自然世界进行更为细致的观察和描绘。他们在作品中融入了更多对光线、阴影和纹理的处理，以及对透视的探索，使得风景的表现更加细腻和丰富。凡・埃克的画作中的风景元素开始显示出一种独立的美感和艺术价值。随着15世纪至16世纪的文艺复兴运动，人文主义的兴起促进了对自然世界的赞美和研究。艺术家们不再满足于将风景作为纯粹的背景，而是开始探索风景作为独立主题的可能性。这种转变反映了大众审美情趣的变化，人们开始欣赏自然之美，对风景绘画产生更深的兴趣。

16—17世纪，比如勃鲁盖尔的创作，开始呈现出更加真实和细腻的乡村风景。勃鲁盖尔的作品中不仅生动捕捉了自然环境，还细致描绘了当时社会生活和民俗，他的一些作品可被视为风景绘画向独立地位迈进的重要标志。许多荷兰画家的作品中虽然风景元素不是主要主题，但他们对本土风景进行了精确的观察和描绘，创作出了数量众多的高质量建筑风景画，为自然主义风景绘画奠定了基础。

18—19世纪，以透纳为代表的艺术大师，以大胆的笔触描绘英国多雾的朦胧景色，利用丰富的色彩来呈现光与空气的交融，形成鲜明的明暗对比。柯罗以古典主义为基础，借鉴康斯坦布尔的“瞬间真实”观念，描绘出宏伟且永恒的风景画。他常在枫丹白露森林中获取灵感，将自然与情感交织，使画面充满诗意。

同期，巴比松画派以康斯坦布尔为榜样，选定巴黎近郊的巴比松小村进行创作。他们研究17世纪荷兰建筑风景画，直接对景写生，创作出真实又生动的作品。如卢梭的作品，避开矫揉造作的技术和程式化题材，精准捕捉大自然的精髓，呈现出各具特色的景色。

巴比松画派的影响力使法国建筑风景画从新古典主义的束缚中解放出来。他们引入了对景写生的观念并揭开了法国现实主义美术运动序幕，为印象派的产生铺设了道路。巴比松画派的创作者们在大自然中寻找灵感，他们的作品以其真实、朴素的风格和对自然的崇尚而受到人们的喜爱。他们的绘画风格和思想观念对后来的现实主义和印象派创作者产生了深远影响。

图 1-1-8　透纳《从久德卡运河看到的威尼斯》

19世纪中后期，法国印象主义画派的出现，更进一步提升了建筑风景绘画的地位。代表性的画家如毕沙罗、西斯莱、莫奈等人，他们强调视觉印象，以即兴写生的方式捕捉大自然的动态和光感。他们将所有的社会和文学性质排除在他们的描绘范围之外，专注于对大自然的观察和描绘。

像马奈、雷诺阿等画家虽然以人物为主题，但也创作了许多精彩的风景作品。他们的作品色彩丰富，笔触活泼，给人以强烈的视觉冲击力。特别是他们在光影的处理上，显示出了极高的艺术造诣。

印象派画家从科学光学理性的角度描绘光色变化，强调瞬间的动态、光色、景物。这种科学理性的表现在新印象主义（点彩派）中被发挥到极致，以修拉和西涅克为代表，他们用均匀的色点描绘物体的形象。他们的作品色彩明亮，线条简洁，给人以强烈的视觉冲击力。

从巴比松画派到印象派，再到新印象主义，法国绘画艺术经历了一次从写实到抽象、从静态到动态、从传统到创新的历程。这个过程不仅极大丰富了艺术的表现形式，也极大提高了艺术的审美价值。

然而，过于客观地描绘光影让后印象主义画家反感，他们强调画家的主观因素，重视强化物象的结构与色彩。凡·高、高更的画强调主观色彩的表现，使作品具有很强的装饰和象征意味，表达出强烈的个人情感。塞尚则以风景为题材，研究形的归纳，使构成性构图的自然感觉和表现坚实形体的自觉性获得很好结合。塞尚被后世尊称为“现代艺术之父”，他的探索与努力开启了现代主义多样的建筑风景绘画发展之路。

在20世纪初，伴随着人类社会的重大变革和科技的进步，绘画艺术也发生了深远的变化。现代主义兴起，绘画的形象、色彩、构成等开始变革，一种全新的艺术风格开始逐渐形成。

在野兽派的代表性画家马蒂斯、德朗等人的作品中，我们可以看到他们使用大块单纯强烈的颜色对比，追求平面、单纯的画面结构。他们的作品色彩鲜艳，形式简洁，给人以强烈的视觉冲击力。这些作

图 1-1-9　修拉《翁弗勒尔的灯塔》

图 1-1-10　凡·高《阿涅尔的美人鱼餐厅》

品在当时的艺术界产生了深远的影响，推动了现代美术的发展。

表现主义画家则强调情感的宣泄，他们以狂乱的笔触、奇特的形状，将大自然的景象化为一种神秘的力量。他们的作品充满了情绪和张力，给人以强烈的视觉冲击力。

维也纳分离派的代表性画家克里姆特、席勒则将色彩和线条服务于内心的激情驱遣。他们的作品色彩饱满，线条优美，展现出了一种对生活的深深热爱和对艺术的执着追求。

抽象画派的代表画家蒙德里安将建筑风景写生的传统发扬光大，其作品色彩鲜明，线条简单，给予观者一种极简而美感盎然的视觉体验。

这些画派及画家的作品，无论是在色彩运用还是构图设计上，都不同程度地影响了后世的创作者，推动了艺术历史的进步。他们的作品在全新的视角和方式下展现出建筑风景写生，为我们理解和欣赏艺术提供了崭新的视角和方式。

在20世纪60—70年代，一种对传统绘画形式的挑战和突破开始在艺术界兴起，创作者们试图将绘画从画架、画布上移除，取消传统绘画因素，甚至取消绘画本身。这是一种对艺术形式的革新和对社会现象的深刻反思，标志着艺术表现形式的多元化和风格的多样化。

在这个具象绘画回归现象中，许多创作者的建筑风景绘画作品既有对传统的延续，也有时代的创新，更加注入了创作者个人的观念。他们的作品反映了建筑风景绘画的多元化和个性化，逐渐形成了各自独特的艺术风格。

英国创作者科索夫以独特的厚堆的油彩语言，绘制出深具质感的建筑风景画。德国创作者格哈德·

图1-1-11 维亚尔《温特梅尔广场》

里希特以模糊不定的虚幻之景给人缥缈又真实的感觉，他的作品充满了哲学的深度和艺术的力量。比利时创作者图伊曼斯以晦涩的图像和色彩的抽离形成视觉上的虚静与温润的效果，他的作品给人以沉思和冥想的空间。美国创作者亚历克斯·卡茨以简洁的色块勾勒出诗意的风景，他的作品给人以宁静和愉悦的感受。德国创作者安塞尔姆·基弗的作品具有宏大而森严的纪念碑式风格，英国创作者多依格的作品是一种令人不安的奇异梦幻的景象，西班牙创作者纳兰霍的作品细腻真实中透露出永恒。他们的作品以深刻的艺术语言和独特的视角，解读了建筑风景的多元化和个性化。

这种多元化发展的局面大大拓宽了建筑风景绘画的领域，为创作者们提供了更广阔的创作空间。他们可以从各自的文化背景中汲取灵感，结合个人的艺术理念和创作手法，创作出更具个人特色和内涵的风景作品。

通过对比分析中西方文化对风景的各异态度及其表现形式，既能更深入地理解和欣赏这两种艺术形式的独特性，又能在传统艺术的基础上对新艺术进行探索和创新。

二、建筑风景写生的方法

在建筑风景写生的实践中，作家通常会选定一个具有特殊意义或吸引力的主题进行细致观察和精心绘制，这个主题可能是建筑、自然风光、花卉，或者是人物、静物等。作家需通过深入观察主题的细节、形状、色彩以及光影等特征，并将这些元素精确地呈现在纸张或画布上。为了更为娴熟地实现这一过程，作家需要掌握一些基本的绘画技巧和方法，接下来我们将对这些技巧和方法进行详细解析。

1. 取景构图

艺术创作者通过学习和掌握建筑风景写生的基础知识，能够提升对绘画对象的观察与表现能力，从而进一步塑造个人的艺术素养和创作能力。写生不仅助力创作者深入理解和捕捉对象的特质与提升表现手法，更能锻炼他们的观察能力、微观表达技巧以及对美的敏锐感知与欣赏能力。写生也是艺术创作的一种重要方式，通过对现实对象的描绘，创作者能够表达自身的情感与思想，使作品更富于个性化和内涵。

在建筑与风景写生的创作中，选择景点和构图设计对于决定整体画面布局和视觉效果至关重要。为了精准生动地描绘主题与环境之间的关系，画家需从众多景物中筛选出最具象征性和吸引力的视角。在取景构图方面，可以采用“三分法”原则，即将画面等分为九部分，并将主要元素放置在画面的三分之一或三分之二的位置，以此让视觉效果显得更为稳定和平衡。

创作者还可以借助透视原理，包括线性透视、空气透视和色彩透视等，以展现景物的空间感和深度感。运用这些技巧，创作者能够呈现出具有美感和视觉冲击力的建筑风景画面。创作者需要具备良好的观察技巧，以专注的视线捕捉主题的特征和细节，这种技巧需要通过绘制简单的几何图形和写生创作的草图等方式进行培养和训练。创作者还需把握好比例关系，能够运用比例等知识在画面中准确表达主题，选择合适的构图方式，使作品具有艺术感和吸引力。

对于写生，首要的是掌握观察的方法：观察是写生的基础，其中需要融入个人的感知和发现。为何在同一时间、地点和条件下，不同的画家对同一对象进行创作，所呈现的作品各不相同？原因在于每位画家的感知和发现都有所差异。尽管观察的对象是眼前的景物，但其中还融入了创作者的个人经验、观念和艺术修养。这也是为何有人能在寻常景物中发现美感，而有人却对显而易见的美视而不见。

在观察过程中，我们需要做出取舍，因为写生时无法将所见的一切都呈现在画布上。画面形象总是经过思考、理解、提炼和创作而产生，这个过程是艺术“源于生活、高于生活”的体现。观察对象并非固定不变，实际上，“风景”会随着时间、光线的变化而变化，因此，“看”并非静态，而是一种动态的体验。通过对自然的观察和描绘，我们可以了解和掌握自然规律，从而达到“道法自然”“技进乎道”的境界。

在艺术创作的过程中，观察无疑是最为基础的步骤。创作者们通过观察世界，引发深度的思考，形成独特的艺术表达。法国野兽派代表画家马蒂斯将“看”理解为一种“创造性的视觉能力”，这种能力不仅涉及物体表面的颜色、形状和质地，还包括其背后的意义、情感和生命力。他认为，真正的艺术观察并非简单地复制现实，而是要能够通过现象洞察本质，通过事物表面触及其深层的内涵。

在建筑与风景写生的过程中，“外师造化”的重要性更是得到了凸显。创作者必须将眼前的建筑、山水、人物等元素，通过观察、感知和表现，进行“中得心源”的加工处理，转化为画面上的图像。而这个过程离不开细致入微的观察和深入的理解。对于建筑的观察，不仅要看到其形状、线条、颜色、光影等显性特点，还要去感知它与周围环境的关系，理解它所承载的历史、文化、社会等信息。对于山水的写生，也需要观察自然的气息、色彩、节奏和韵律，去体验和表达大自然的生命力和精神。

荷兰小画派的代表画家维米尔的《代尔夫特风景》中的取景构图，选择了运河两岸典型的荷兰小城建筑作为主体，同时加入了水边栅栏、行人、小船等元素，从低视角来表现城市空间的延伸感。作品通过运河把整个画面分割成前后两个空间，构图平衡稳定，视觉焦点明确，透视表现得当。

图 1-1-12 维米尔《代尔夫特风景》

图 1-1-13 代尔夫特实景照片

田筱源在创作《武汉夜景》前进行了充分的创作准备。他实地取景，收集大量夜景照片和速写作为创作素材。然后，他从众多景点中选择了最具代表性的位置进行构图设计。他绘制了多幅手稿，从不同的视角出发，对比了各种构图方案，明确主体建筑的位置。在第一个手稿中，他使用平涂的手法处理背景，简化了细节，使前景中的主体建筑物和灯光效果成为焦点，突出党徽灯光元素。远景部分他用松节油进行了浅处理，近景中他则使用油画刀进行厚涂，通过“肥的颜料往前走，薄的往后退”的原理增强了画面前后空间的对比和拉远效果。

在艺术实践过程中，“观察”并不仅仅是平常意义上的观看，更是一种深度的、创新性的洞察。这种洞察要求我们用心感知、理解并创新。掌握这种方法并不容易，需要我们长期学习和实践，以提升我们的感知力和表达力，使我们能够在日常的平凡事物中发现意外和偶然的美，进而创造出深度和魅力并存的艺术作品。这便是马蒂斯强调的创新视觉力，它不仅是艺术创作的基石，也是我们理解和认知世界的重要工具。

由于风景的变化性强，取决于天气、时间和季节等多种因素，光线的变化尤其瞬息万变，许多画家会选择在每天固定的时间点进行写生以捕捉特定的光影效果和色彩情绪。比如法国印象派大师莫奈，就曾选择在每天的下午四五点钟去画夕阳余晖下的风景，这个时间点的光线给予画面一种特殊的氛围和情绪。流云、人、车、船等绘画对象都是运动的，它们在不同的时间和光线下都会呈现出不同的色彩和情绪，这是静态的照片所无法捕捉的。

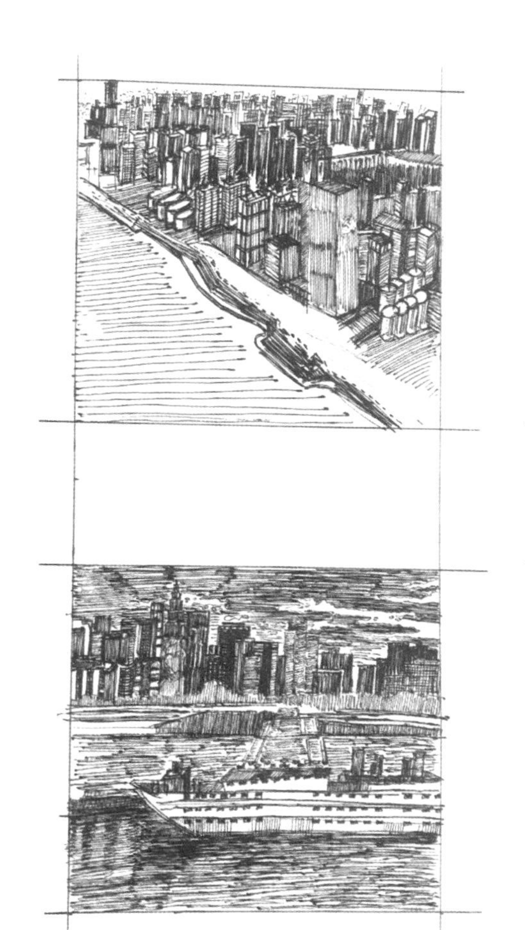

图 1-1-14　田筱源《武汉夜景》手稿

在这方面，近代绘画之父塞尚的观点也值得我们深入探究。塞尚强调绘画的纯粹性，他重视绘画的形式构成，认为创作者应该在自然表象之下找到某种简单的几何形式，并通过这种形式将眼见的散乱视像构成秩序化的图像。他极力追求一种能塑造出鲜明、结实的形体的绘画语言，常以黑色的线勾画物体的轮廓，甚至将空气、河水、云雾等都勾画出轮廓来。在他的建筑风景绘画中，无论是近景还是远景的物象，都被平等地处理在同一个平面中，既拉开了与传统表现手法的距离，又为画面构成留下了足够的表现余地，尤其强调了画中物象的明晰性与坚实感。无论是莫奈对时间和光线的精细捕捉，还是塞尚对形式和视觉的深刻探索，都凸显了写生过程中观察方法和技巧至关重要。

建筑与风景写生的取景构图是至关重要的一步，这将直接影响最终画面效果的点线面、正负形、整体布局、平衡感等画面节奏。所以在选取构图时，创作者需要对周围的环境进行细致的观察，寻找那些能够唤起他们创作灵感的元素，这些元素可能是一座建筑的线条或形状，也可能是一片风景的色彩或光影。

华金·索罗利亚和博纳尔的作品中充满了生活气息，无论是华金·索罗利亚笔下的大路、建筑、天空、绿植，还是博纳尔对平凡的乡村、田野、街道的热爱，他们都是通过对生活细致的观察，发现那些平凡中的美，然后用自己的方式表现出来。他们的作品充满了个人的风格和情感，这也是他们的作品能够深深打动人心的原因。

图 1-1-15　塞尚《屋顶》

图 1-1-16　华金·索罗利亚
《塞维利亚阿卡扎堡午后的阳光》

正如罗丹所说：美是到处都有的，对于我们的眼睛，不是缺少美，而是缺少发现。在进行建筑风景写生的过程中，创作者不仅需要有敏锐的观察力去发现那些常人可能忽视的美，还需要有创新的思维去挖掘那些隐藏在平凡生活中的美。只有在细致观察和深入理解之后，创作者才能将这些美真实而生动地表现在画布上，创作出具有个人风格和深度的建筑风景绘画作品。

在构图取景过程中，创作者需选择一处具有吸引力的焦点，该焦点应成为画面最关键且最吸引人的元素，并围绕此焦点构建整个画面。创作者还需深思熟虑前景、中景与远景的处理方式，旨在创造空间与深度感，使画面更具立体感和生动性，这既可以准确地展现出建筑风景的独特魅力，又可以创作出充满生活气息和艺术吸引力的作品。

图 1-1-17　博纳尔《圣特罗佩港口》

2. 构思表现

建筑风景写生的构思表现，是在深入观察和理解建筑与风景的关系后，创作者心中形成的一个创作概念或想法。这个构思影响着画面的构图、色彩、光影等所有元素的处理，是创作者创作的灵魂。建筑风景写生的构思表现，是创作者对实际风景的理解和感受的综合体现，是创作者通过自己的艺术语言将自然风景和人文景观的美转化为富有个人情感和艺术魅力的画面。这既需要创作者具备敏锐的观察力和深入的理解力，又需要他们拥有独特的艺术语言和创新的表现手法。

建筑风景写生的构思，应建立在对实际风景深入理解的基础之上，这种理解并非仅停留在对建筑和自然景观的形状、色彩、质感等视觉特征的认知，更应深入洞察其内在含义、历史背景、文化氛围等深层次因素。艺术家应透过表面现象去感知并揭示建筑风景的内在美。

在构思过程中，艺术家需思考如何将个人情感和视角融入作品，这就需要他们拥有独特的艺术表达，能以自我风格展现建筑风景的独特魅力。这种个性化的表现，可能体现在对色彩的特殊处理上，也可能是对形状和线条的创新运用，或者是对光影的独到理解。

在艺术历史上，不同的创作者使用不同的材料，面对不同的建筑与风景，都有着独特的构思表现方式。《星空》是凡・高的代表作之一，使用了他特有的表现手法来描绘星空和小镇的夜景。

他的画风以大胆的色彩和夸张的线条而著称，而在《星空》中，这两个特点表现得淋漓尽致。凡・高以大胆的色彩和夸张的线条，将夜晚的星空描绘得如梦如幻。他的构思是将内心的激动情感和对自然的热爱，通过扭曲和夸大的形象、强烈的色彩、独特的画面构成表现出来。凡・高用鲜明、对比强烈的色彩描绘了星空和小镇。在画面上方，深蓝色的夜空中洒满了明亮的黄色和白色的星星，形成

图1-1-18 凡·高《星空》

了强烈的视觉冲击。在画面下方，小镇的部分则以暗淡的蓝色和黑色为主，与上方的星空形成了鲜明的对比。凡·高用夸张的线条描绘了星空的运动感。我们可以看到，画面中的星星和天空都是由旋转的线条组成的，这些线条像旋风一样在画面中旋转，给人一种强烈的动态感，仿佛星空在翻涌、旋转。

凡·高的《星空》用蓝色和粗犷笔触表现阴沉与忧郁，画中的柏树如火焰般直上云端，天空则像涡状星系旋转。作品底部的村落以平直、粗短的线条绘画，形成了与上部的粗犷弯曲线条的强烈对比，体现出凡·高躁动不安的情感和迷幻的意象世界。他的画风在这幅作品中受到了日本《神奈川冲浪里》的影响。以此，凡·高展现了他对大地、自然与宇宙的深刻理解和感受。

写生的对象可以是建筑风景、人物形象等，创作者可以根据自己的兴趣和需要选择合适的对象进行写生。

写生的第一步是对对象进行仔细观察和分析。创作者需要观察对象的外形、结构、比例、颜色等特征，并从中抓住主要特点进行描绘。线条是写生中最基本的表现元素之一，创作者需要运用线条来描绘对象的形状和轮廓。构图是指将对象放置在画面中的位置和组织方式，创作者需要合理安排构图，使画面具有艺术感和平衡感。明暗是指物体表面受到光照的不同而形成的明亮和阴影的区域。创作者需要通过对明暗的处理来表现对象的体积感和质感，使画面更加生动和立体。

在创作过程中，掌握和运用线条对于创作者构建形状和展现质感而言至关重要，诸如平行线、交叉线、弯曲线和波浪线等各式线条能够描绘出多种景物特性和纹理。线条的虚实、疏密、浓淡变化也能够丰富画面的层次感和立体感。创作者可以利用铅笔、炭笔、毛笔和钢笔等工具，以展现不同的线条质感和肌理效果。

在建筑与风景写生中，色彩对于塑造画面氛围和情感起着至关重要的作用，创作者需要理解色相、明度和纯度等色彩基础知识，以便准确表现景物的色彩特征和光影效果。在此基础上，可以利用水彩、油画、丙烯和色粉等媒介，展现不同的色彩质感和纹理效果。补色对比、类似色调、对比色调和等色彩对比和调和原理的运用，能够进一步增强画面的视觉冲击力和美感。

画面的立体感与空间感是通过光影来展现的，为了真实地描绘出景物的光影特性和空间关系，创作者必须理解光源、明暗以及阴影等光影基本原理，并运用高光、投影、反光以及透视阴影等技巧，以强化画面的立体感和深度感。明暗对比、冷暖对比及虚实对比等光影的对比和变化原理，可以进一步增强画面的层次感和动态感。

在进行建筑风景写生时，创作者需要熟练掌握取景构图、线条描绘、色彩运用以及光影处理等基本技巧和方法，以便准确且生动地展现建筑风景的美感和魅力。通过持续的练习和实践，创作者可以逐渐形成自身的独特风格和审美观念，由此创作出艺术价值和观赏价值俱佳的建筑风景作品。

好的作品需要将如何利用画面来传达建筑风景的空间感和层次感考虑周到，这就需要创作者细致地处理画面的前景、中景和后景，通过色彩的深浅、线条的粗细、光影的强弱等手法，营造出空间的深度和距离感。

三、色彩理论

色彩理论在艺术设计、室内装饰、广告设计、电影制作等众多领域中，都有着广泛的应用。该理论助力我们理解并有效地运用色彩，从而创造出具有吸引力和情感表达力的视觉作品。

在风景写生中，色彩理论对于＂以色造型＂的实现起着决定性的作用。画家在写生的过程中，需要深刻理解并妥善运用色彩理论，以精确捕捉自然色彩的微妙变化，进而展现出自然的独特美感。色彩理论也有助于画家在对自然的观察和创作过程中实现写实与写意的紧密融合，色彩理论对于风景写生的重要性是显而易见的。通过理解和运用色彩理论，画家能更好地在作品中反映光色对人类视觉感受的影响，进一步提升作品的“在场感”，使观者能够体验到仿佛亲临现场的感觉。

1. 色彩调和原理

色彩调和原理作为艺术创作尤其是绘画领域的核心原则，关注的是如何巧妙地组合各种色彩，从而使整幅作品在视觉上展现出和谐与平衡的美感。在绘画创作中，红、黄、蓝被认为是三原色，它们是无法通过其他色彩混合得到的基本色彩，但我们可以通过混合这三种原色以及黑白，以获取任何我们想要的色彩。通过调整三原色的比例，我们能够得到无数种颜色，常见的包括用红色和黄色混合便会形成橙色，红色和蓝色混合则会生成紫色，而蓝色和黄色混合则可得到绿色。

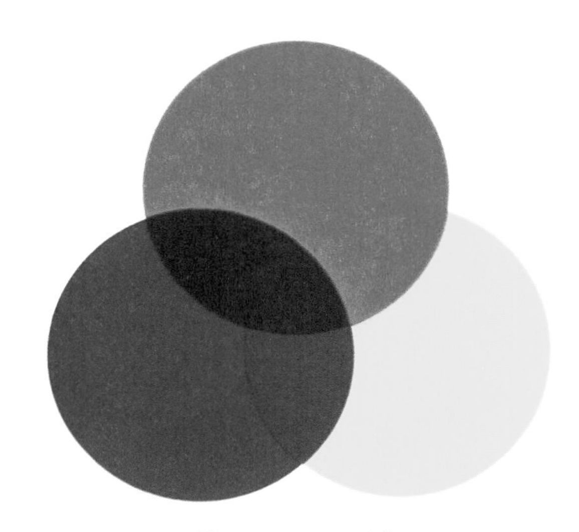
图 1-1-19　三原色

色轮不仅是色彩学中的基础工具，也是创作者洞察和运用色彩的重要参考。色轮以环形排列色彩，清晰地呈现出各种颜色之间的关系，并基于此创造出富有节奏感和层

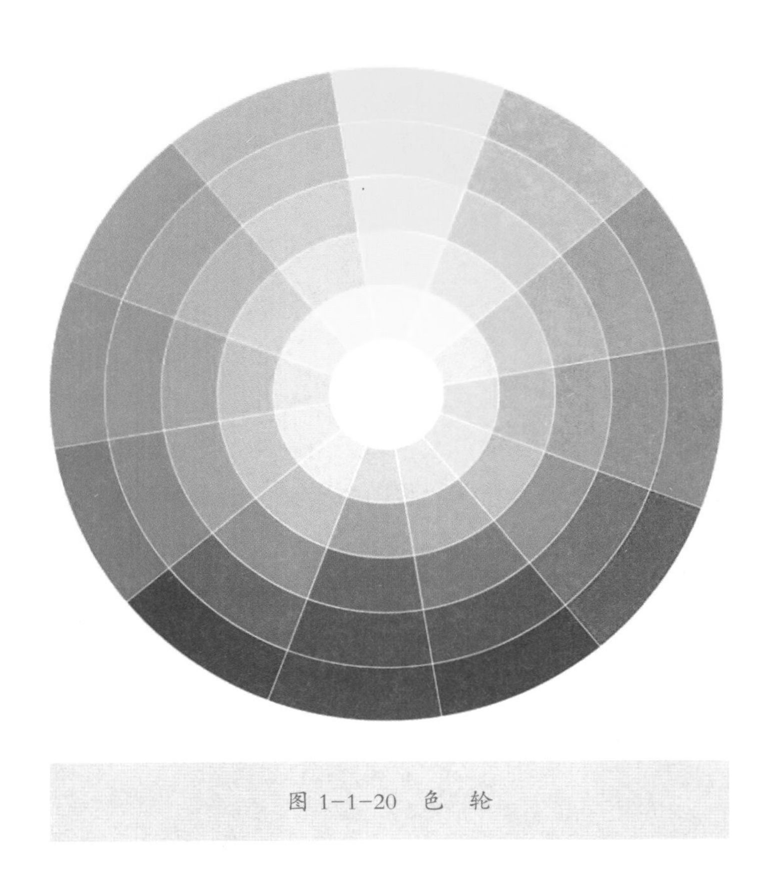

图 1-1-20 色 轮

次感的色彩搭配。色彩理论深入研究颜色之间的相互作用和影响，包括对比、互补、明暗、色彩饱和度等，这些理论为我们运用色彩提供了科学的依据和方法。创作者需熟练掌握色轮和色彩理论，以便在创作过程中灵活运用色彩，营造出独特的艺术风格。通过调整色彩的明暗和饱和度，创作者可以创造出丰富的光影效果，以增强画面的立体感和动态感。

同类色即色轮上紧邻的颜色，具有相似的色调，如红色、红橙色和橙色等，这些颜色在视觉上具有天然的和谐性和亲和力。创作者在绘画中运用同类色可以营造出温馨、舒适的画面氛围，使整个画面的色彩过渡自然、和谐，增强了画面的视觉统一性。同类色的运用也可以强调画面的主题，突出画面的重点，给观众带来愉悦的视觉体验。

互补色即色轮上相对的颜色，如红绿、黄紫、蓝橙等，互补色的对比能产生强烈的视觉冲击力，增强画面的活力和鲜艳度，使作品更具吸引力，常被运用在需要强调对比和突出主题的场景中。

对比色是指在色轮上位置相距较远，色相明显不同的颜色，它们之间的对比强烈，可以营造出充满活力、对比鲜明的效果。对比色的运用可使画面更具张力和立体感。

冷暖色是色彩温度的表现，通常将红、橙、黄视为暖色，给人温暖、亲切的感觉；绿、蓝、紫被视为冷色，给人冷静、沉稳的感觉。冷暖色的对比可以产生距离感和空间感，是构建画面深度的重要手法。

强对比是指大的明度对比或大的色相对比，包括黑色和白色、红色和绿色的对比。强对比能使作品形成强烈的视觉冲击力，突出主题，衬托氛围。

弱对比是指小的明度对比或小的色相对比，包括淡蓝色和淡紫色、淡黄色和淡绿色的对比。弱对比能使作品形成柔和、舒适的视觉效果，营造出宁静、和谐的氛围。

在色相环中，原色（也称为一次颜色）的混合会形成二次颜色，红色和黄色相结合产生橙色，黄色和蓝色混合则得到绿色，而红色与蓝色的混合则形成紫色，这些所形成的颜色都位于色相环中原色之间。

三次颜色的生成是通过原色与其相邻的二次颜色的混合实现的，红色（原色）与紫色（二次颜色）的混合可以得到红紫色，黄色（原色）与绿色（二次颜色）的混合则可以产生黄绿色。而中性色的形成，则是通过混合色相环上的三种原色来完成的，这样的混合通常会得到灰色或棕色的色调，通过调整这三种原色中某一种颜色的比例，就可以改变中性色的色调。

明度指的是颜色的亮度，饱和度则指的是颜色的纯度或强度，在色相环的基础上，可以通过向颜色中加入白色来提亮，或加入黑色来加深，以此来改变颜色的明度，创造出不同的色调。向红色中添加白色就可以得到粉红色，向颜色中加入白色可以使颜色变浅，如蓝色加白变为浅蓝色，而加入黑色则可以使颜色变深，如蓝色加黑变为深蓝色。在色相环上选择相邻的颜色进行搭配，紫红与紫蓝，或蓝绿，可以创造出柔和和谐的视觉效果，这种颜色组合使得颜色间的过渡更加顺畅，给人一种温和舒适的感觉。

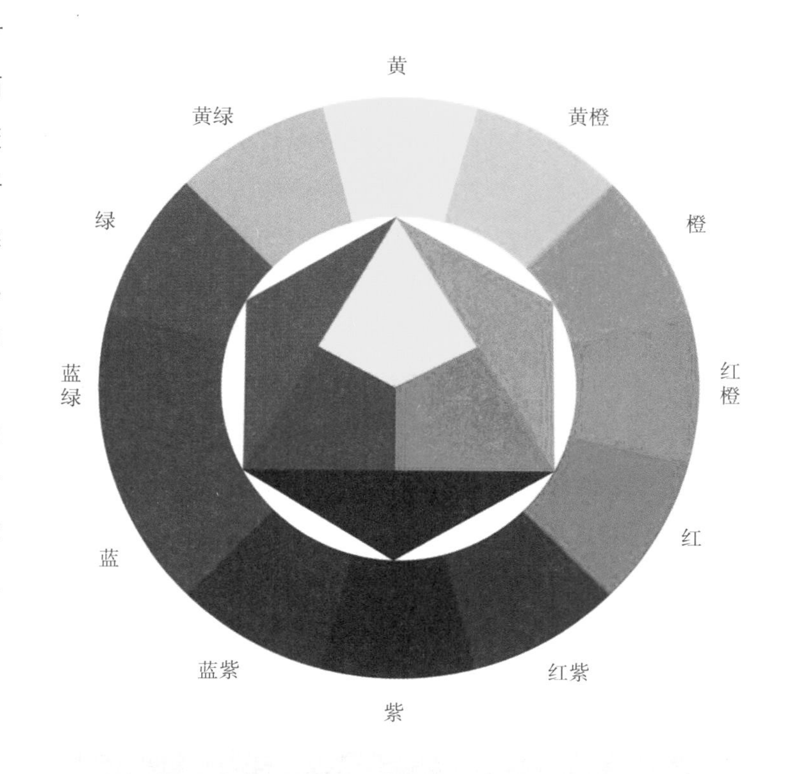

图 1-1-21　色相环

色相环还可以协助我们理解冷暖色间的关系，冷色调如蓝色，给人以冷静感；相对的，暖色调如红色则带来温暖感。在艺术作品中，适当地利用冷暖色对比，能创造出视觉冲击力强、动感十足的效果，通过改变色相环上的颜色明度和饱和度，可以使色彩更加生动鲜明，增强视觉吸引力。

色彩调和原理是以理论为指导、创新为灵魂的艺术创作方法，巧妙地运用色彩调和原理，艺术家们可创作出色彩丰富、和谐统一，且具有强烈视觉冲击力的作品，引发观者的共鸣，实现艺术的魅力。调色是一门艺术，它不仅取决于个人的感知，也依赖于作品的需求。只有通过不断的实践，探索色彩的无尽可能性，形成自身的调色技巧，才能更好地为创作服务。

2. 色彩的精神性

对于深入探讨色彩的精神层面，色彩心理学是必然需要深挖的领域，色彩心理学致力于研究色彩对人类情绪、感知和认知的影响。该学科认为，不同的色彩能引发各类心理反应。

红色：红色通常与激情、兴奋以及爱情等情绪相联系。这种色彩能激活神经系统，提升血压和心率，赋予人们活力和斗志。红色常用于吸引眼球，刺激购买欲。

蓝色：蓝色常与平静、安宁以及信任等情绪关联。这种色彩能使人感到放松与冷静，有助于缓解压力和焦虑。蓝色常被用来塑造积极的形象，因为它能传达出稳定和可信赖的感觉。

黄色：黄色常与快乐、活力以及温暖等情绪相联系。这种色彩能提升人的情绪和积极性，使人感到愉快和振奋。黄色常用于强调重点和提高视觉冲击力。

绿色：绿色常与自然、安宁以及生长等情绪关联。这种色彩能使人感到舒适和宁静，有助于缓解疲劳和恢复精力。绿色常用于创造轻松和舒适的环境。

黑色：黑色常与神秘、权威以及优雅等情绪相联系。这种色彩能使人产生敬畏和尊敬的感觉，同时也可能让人感到沉重和压抑。黑色常用于强调线条和形式感。

紫色：紫色常与奢华、高贵以及神秘等情绪关联。这种色彩能使人感到优雅和高贵，同时可能让人感到不安和神秘。紫色常用于创造独特的氛围和视觉效果。

通过理解这些色彩的心理效应，创作者能够巧妙地运用色彩来表达他们的情感和思想，观众也能更好地理解和欣赏艺术作品。在建筑与风景写生、艺术创作、设计、广告等领域，正确的色彩应用能有效地传达信息，增强视觉效果。色彩是表达创作者情感和思想的重要手段，创作者通过选用和运用色彩，能直观而直接地表达自己的情感和思想。创作者通过色彩的搭配和对比，表达自己的情感和思想，使观众能够直观地感受到创作者的情感和思想。

色彩是塑造形象和营造氛围的重要工具，创作者通过色彩的运用，可以塑造出具有个性和特征的形象，使形象更加生动和真实。色彩还可以营造氛围，使画面具有独特的氛围和情感，创作者可以通过色彩的明暗变化和色相的对比，表现对象的光照和形态；也可以通过调节色彩的饱和度，来表达对象的质感和情感。色彩的精神性在建筑与风景写生中具有不可或缺的作用，创作者通过对色彩的深度理解和运用，可以表达自己的情感和思想，塑造形象和营造氛围，连接自己与观众。创作者需要学习和掌握色彩心理学的基本原理，以便更好地运用色彩，展现自己的精神世界。色彩可以直接影响观众的情感和情绪，使观众产生与创作者相同的情感和情绪，通过色彩的运用，可以引起观众的共鸣，使观众能够感受到创作者的情感和思想。

第二节　建筑风景在艺术实践课程中的作用和意义

通过深入学习艺术实践课程中的建筑与风景写生，艺术创作者能进一步理解空间和建筑结构，提升其对历史、文化和艺术的感知，这也有助于激发创作者对我国优秀传统文化的认同感和自豪感。

在本节内容里中，我们将深入探讨建筑风景在艺术实践中的作用和意义，希望能够激发创作者对于建筑与环境的热爱，提升对于艺术创作的热情与能力。

一、提升艺术感知与审美能力

通过建筑与风景写生的学习，创作者可以培养和提高视觉观察能力。建筑物有各种形状、结构和细节，需要仔细观察并准确表达，这可以增强观察力，提高对细节的敏感性，并培养绘画技巧。

建筑物是学习透视与比例关系的好素材，通过绘制建筑风景，可以掌握表达建筑比例关系的技巧，理解透视原理，这对其他题材的绘画也很有帮助。建筑物在不同光线下会呈现不同的色彩和光影。绘制建筑风景可以学习运用色彩表达建筑特征和情感，利用光影创建氛围和立体感。通过研究、分析建筑风景案例，感受自然环境的美，可以提高审美水平，激发创作灵感。实地写生可以汲取设计灵感，拓展创作的可能性。

除了提升绘画技巧，建筑与风景写生能进一步锻炼创作者的设计能力，包括景观规划、空间布局、园林设计等。这些能帮助我们进行更加优秀的建筑与风景写生设计，充分考虑环境因素和用户需求，打造出集功能性、美观性与可持续性于一体的建筑作品。在建筑与风景写生的过程中，环境因素的考量是画面严谨的前提条件，通过学习建筑与风景写生，我们能更好地理解自然环境对建筑的影响，分析研究地理位置、气候、景观特点等，从而使建筑与环境融为一体，创作出与周边环境和谐统一的作品。

传统建筑以其独特的美学价值在我们生活中占据重要地位，其美学价值不仅表现在形式、空间、技艺之上，更体现在其与自然的和谐共生的关系中。其中包含了中国文化中瑰宝般的精美装饰，如木雕、石雕、砖雕以及彩画等。作为历史遗迹和文化遗产的传统建筑，也承载了丰富的历史记忆和文化内涵。

图 1-2-1　木雕建筑局部

中国传统建筑美学表现形式丰富，既包括建筑物轮廓的柔美线条，又涵盖多种屋顶形态，《诗经》中便用“如鸟展翅，如翚飞翔”来赞扬飞檐的优美，这种美学实际上不仅仅是对传统文化的继承，更是中华民族对美的独特追求的体现。从亭台楼阁到堂馆营舍，中国各类传统建筑因地域和功能的差异，展现出各自的建筑气质，布局上则灵活多变，在色彩和光影的运用上同样富于变化，流光溢彩。

从空间布局角度看，中国传统建筑重视外部空间的运用，形成了独特的组群结构，以北京的四合院为例，四面房屋围合形成的矩形院落，局部配备连廊围墙，构成了中轴线贯穿、南北高低错落、主次分明的格局。无论规模大小，此类院落均是古代王侯或民间居所形式，延用至今。

在传统技艺方面，中国传统建筑展示出无可匹敌的美感，其中主要承重结构为木结构，由柱、梁、檩、枋组成的木构架用以支撑屋顶和楼面的重量。中国古建筑工艺精湛，众多古代名建筑至今仍完好保

图 1-2-2　飞　檐

存，这是一代代工匠的努力和智慧的结晶。

中国传统建筑的美学价值丰富多样，体现在其独特的形式、精湛的技艺、讲究的空间以及与自然的和谐融合上。这种美学价值不仅仅在于视觉审美，更深层次的，它承载了中华民族的历史记忆和文化内涵，是城市风貌和文化认同的重要象征。对于现代建筑的创作，传统建筑的美学价值提供了新的思路和可能性，具有启示和借鉴的意义。通过深入学习和欣赏传统建筑的美学，我们可以更好地理解中国古代文化和艺术，从中汲取灵感和启发，它也提醒我们注重人与自然的和谐关系，追求可持续发展和环境友好。加强对传统建筑美学价值的研究和教育，传承和保护这些宝贵的文化遗产，不仅可以弘扬中华民族的文化精神和审美理念，也为现代建筑的发展带来新的思考和创新。

二、理解建筑风景中的人文意蕴

从人文学的视角来看，建筑景观不仅是一个地域历史、文化、社会及人民生活的反映，更是人类活动的载体，以及精神、文化、历史的具体表现，通过研究和理解建筑及其环境，我们可以从多个角度感知和理解人类的历史、文化、社会和生活等多重内涵。

古代人强调顺应自然法则，与自然环境和谐相处，他们的建筑设计主张与自然环境的协调，而园林建筑则追求展现自然景观的多样性和变化性。通过观察建筑景观并进行写生，创作者能够更深入地理解建筑与自然环境的关系，从而提升设计能力。这种方法对于将理论知识应用到实际项目中、提高设计作品的质量具有重要意义。

中国古代的文化主张和谐，认为多元统一和各要素的互动构成其核心。艺术创作追求有序的结构和富饶的变化。建筑与风景写生重点探讨自然环境与建筑的紧密联系，强调环境保护的重要性，并主张在设计过程中尊重自然，遵循可持续发展理念。

建筑与风景写生的学习有助于创作者把握如何将传统观念与现代设计相融合，创作出具有现代感而又富有传统文化特色的建筑作品。这种融合不仅有助于传统建筑文化的传承与发展，也能为未来的建筑设计提供新的创意和灵感。

对创作者而言，学习建筑风景和写生不仅能够培养其审美意识和创新能力，也有助于提升人文关怀，这种影响深远且持久。通过深入探索建筑与自然环境的相互关系，创作者能够更深入地理解人与自然的密切联系，并将这种理解融入创作之中，可以使写生作品更具有温暖气息。他们也通过学习和理解传统建筑的观念和审美理念，将传统文化和现代设计相结合，赋予建筑风景写生以新的活力，实现在保持传统韵味的同时展现出现代感。

研究建筑与风景写生，不仅可以提升创作者在审美意识、创新能力、构思设计能力及人文关怀等方面的素质，更能让他们从历史、文化、社会和人文四个维度深度探索和理解建筑艺术所蕴含的丰富人文精神。每一座建筑都是其所处时代和地域历史的见证，承载着历史的记忆，反映出历史的痕迹。通过对建筑风景的研究，我们可以对历史事件、人物和思想有更深入的理解。

建筑并非仅仅是物质环境，它也是思维和观念的体现。创作者通过观察和描述建筑与自然环境的和谐关系，培养了审美意识和创新能力。在建筑与风景写生的教学中，他们学习如何融合自然元素以创作美观和谐的作品。中国传统建筑的丰富历史和文化价值已深入我们的血脉，它们的视觉艺术形象传达出中国人对生活和未来美好的愿景。

图 1-2-3　中国古建筑

中国传统建筑的发展不仅体现了中国人的宇宙观、自然观、价值观，也展现了“和”为美的审美理想。通过对建筑风景的学习和研究，创作者可以深入理解这些观念，并将其融入现代设计中，从而为传统文化的传承与发展做出贡献。

创作者通过对建筑风景的研究，可深入理解建筑师的创新思维、艺术追求以及社会责任等多方面内容，这一过程实质上便是对建筑风景中人文精神的深度探索。建筑风景的研究与写生对于培养创作者的多元能力均起到了重要的作用，它是艺术实践课程中的关键部分。通过对建筑风景的实践，我们可以提升艺术修养、人文素养、审美能力和创新能力，深度理解并感知建筑与环境、历史、文化、社会和生活之间的紧密联系。

第三节　建筑风景写生的材料使用

建筑风景写生的材料使用是非常灵活的，可以根据个人的喜好和需要进行选择，只要能够用它表达自己的想法，任何东西都可以成为画材。无论是油性材料、水性材料、干性材料，还是综合材料，都有各自的材料特点与小技巧，我们可以结合自身对于绘画对象的特点与感悟，去选择合适的材料。

一、油性材料

油性材料指的是一类具有油性的绘画材料，主要是指在颜料中添加了植物油或动物油的绘画材料，其中使用最多、市场上最为常见的是管状油画颜料、调色油、松节油、油画棒。油性材料在绘画过程中具有较长的干燥时间，能够较久保持颜料的湿润状态，并且可以在绘画过程中进行调整和修改。下面简介一些常见油性材料：

1. **管状油画颜料**

定义：管状油画颜料内装有预先调配好的油性颜料，通常使用铝或类似金属材质作为包装材料，因为这种材质既轻便又能有效防止颜料干燥。颜料通过细致研磨和优化配比，以保持颜色的鲜艳和均匀性。

使用方法：使用时，只需将颜料管挤压，将所需的颜料挤出至调色盘或直接于画布上。可以根据需要挤出适量的颜料，使用画刀或画笔进行调色和绘画。

注意事项：在挤压颜料时应适量，避免浪费。使用后应立即盖紧颜料管口，防止颜料干燥和氧化。储存时应远离高温和直射阳光，避免颜料变质。

2. **油彩**

定义：油彩是由细碎的颜料粒子和干性油（如亚麻籽油）混合而成的绘画材料。油彩可以提供丰富的色彩和良好的遮盖力，同时允许创作者通过多层绘画来创造深度和质感。

使用方法：油彩一般需要调和后使用，可以与调色油、松节油等混合，以达到所需的黏度和透明度。通过画刷或画刀涂抹在画布或其他油画基底上。

注意事项：使用油彩时应注意颜料的干燥时间，不同颜色和品牌的油彩干燥时间会有差异。油彩层次的堆叠应遵循“胖过瘦”的原则，以避免裂纹和剥落。

图 1-3-1 油画棒

3. **油画棒**

定义：油画棒是一种固态的油画颜料，形状与蜡笔类似，但比蜡笔更为油腻和柔软。它们通常含有油性黏合剂和蜡，使得颜料能以棒状形式存在。

使用方法：油画棒可以直接在画布或纸上画画，允许创作者进行直接的色彩绘制和混合。也可以使用刀片削出颜料粉末，配合溶剂或调色油使用。

注意事项：油画棒在存放时应避免高温，以免颜料融化。使用后，可用纸巾擦拭表面油分，防止灰尘附着。

4. **油画颜料棒**

定义：油画颜料棒含有更高比例的颜料，适合需要高色彩饱和度和覆盖力的绘画工作。通常质地更硬，颜色更纯正。

使用方法：使用时一般需要用刀片刮下颜料或用专门的磨具研磨成粉末，然后与调色油或其他介质混合使用。

注意事项：同样需要避免高温和潮湿环境，以防颜料棒变质。在刮削颜料时应小心，以免刮伤手指。

5. **松节油**

定义：松节油是一种天然树脂油，可以作为溶剂使用，具有特有的气味，能够稀释油彩并加快其干燥。

使用方法：可以将松节油直接加入油彩中以降低颜料的黏稠度，或用于清洗沾有油彩的画笔。

注意事项：松节油挥发性较强，使用时应确保工作环境通风，并注意保存，以免火灾风险。

6. 调色油

定义：调色油融合了植物油与动物油的特性，其成分因品牌而异，主要包含亚麻籽油、核桃油、葵花籽油、胡麻油及蜡状油、鱼肝油、蜜蜡油等。此类调色油可调整颜料的黏度与流动性，提升油画的光泽度与延展性，赋予油画作品独特的质感与光泽。

使用方法：在调色过程中，将适量调色油加入油彩，直至满足所需黏度与流动性。也可直接在画布上运用，创造各种质感效果。调色油既可作为画布底层的底油，亦可用作画面的终层，增强颜料的光泽度与流动性。

注意事项：在使用新型调色油时，需关注不同成分的干燥时间及兼容性，过量使用可能导致画面干燥延迟或出现黄变等情况。由于调色油含有植物油或动物油，储存需特别注意，以避免因高温潮湿导致油脂酸败或变质。使用过程中，配比需谨慎，以免影响油画的干燥时间及最终视觉效果。

7. 油画介质

定义：油画介质是由不同种类的油性物质混合而成，用于改变油彩的性质，如流动性、干燥时间及光泽度。

使用方法：根据所需效果，将油画介质与油彩混合或直接涂抹在画布上。有的介质设计用于底层绘画，而有的适用于上层。

注意事项：选择合适的介质对油画的最终效果至关重要。需注意介质的干燥时间和光泽度，以及与油彩的兼容性。

图 1-3-2　油画介质

8. 上光油

定义：上光油（或称为涂层、保护层油或光泽油）是用于保护油画作品，并增强其光泽度的介质。通常在画作完全干燥后使用，增强颜色的饱和度，同时提供保护，防止颜料受到空气、尘土或其他可能的损害。

使用方法：上光油的使用一般在作画顺序的最后一步。当油画完全干燥后（这可能需要几个月的时间，因为油画需要从内到外完全干燥），使用刷子均匀涂抹上光油。涂抹时应确保刷子干净，避免尘土等颗粒混入。

注意事项：上光油的使用需要确保画作完全干燥，过早使用可能会导致颜料和上光油混合，影响画作的质量和保护效果。上光油应均匀涂布，避免形成过厚的涂层，否则可能会导致光泽不均或产生裂纹。油画作品干燥后要避免在过热、过冷、过于潮湿的环境下储存，过热、过冷、过于潮湿的环境会对表层上光油以及油画产生不良的影响。

9. 涂料增稠剂

定义：涂料增稠剂是用于增加油画颜料稠度和浓度的材料，可以使颜料在画布上形成更为丰富的质感。

使用方法：直接加入油彩中，按需调节以达到期望的稠度和质感。适合创造浮雕效果或厚重的色层。

注意事项：增稠剂的加入量需谨慎控制，过多可能导致画面干燥过慢，或在干燥过程中出现裂纹。

10. 混合媒介

定义：混合媒介如蜡和油漆蜡，是将植物油和蜡结合的产品，既能调节颜料的流动性，又能改变干燥时间。

使用方法：混合媒介通过加热融化后与油彩混合，或以涂层的形式施加于画布，以创造出特定的效果。

注意事项：使用混合媒介时，要注意操作的温度控制，避免因温度过高而破坏颜料的稳定性。混合媒介中含有蜡，所以干燥后的画面可能会有亚光效果。

油性材料里最主流的材料就是油画。油画工具是一类专门用于油画创作的上色工具，常用的包括油画内框、画布、画笔、调色盘、油画铲刀等。油画工具使得创作者能够在较长的干燥时间内，保持颜料的湿润状态，以便在创作过程中进行精细的调整和修改。

1. 油画内框

定义：油画内框是指用来固定画布的木框或金属框，它是油画中最基础的根基。内框通常由木条拼接而成，形状多为矩形或正方形。

使用方法：将画布铺平拉紧并用钉枪固定在油画内框上，确保画布表面平整无皱褶。

注意事项：内框的尺寸应与画布大小相匹配，在固定画布时，要均匀拉紧，防止后期画布松弛。

2. 画布

定义：画布是油画中用来作画的布料，通常由棉质或亚麻质料制成，表面经过底漆处理，以便颜料附着。

使用方法：在画布上绘画前，可根据需要涂抹一层底漆以调整吸收性和颜色。使用画笔或画刀将颜料涂抹在画布上进行创作。

注意事项：棉质画布太薄，容易渗油、吸色；亚麻画布性价比更高；雨露麻画布布纹密，更为专业；黄麻画布厚实，但布面太粗糙，适合偏粗犷画风。应选择适合自己绘画风格的画布质地。画布应保持清洁，避免沾染灰尘或油污。

图 1-3-3　油画内框与油画布

3. 钉枪

定义：钉枪是一种用于将画布牢固固定在油画内框上的工具，通过发射小钉子快速高效地完成固定任务。

使用方法：将画布平铺并对准内框边缘，使用钉枪在画布背面边缘位置顺序钉入钉子。

注意事项：使用钉枪时应当小心，确保钉子正确发射入内框，避免伤手或损坏画布。

4. 画架

定义：画架是支撑画布或画纸的设备，具有可调节高度和倾斜角度的功能，方便不同身高和习惯的画家使用。

使用方法：根据绘画需求调整画架的高度和角度，确保画布稳定。在画架上作画时，画家可以站立或坐着进行。

注意事项：调节画架时应确保所有螺丝和调节部件固定牢固，以免画架移动或倒塌。

图 1-3-4　钉枪和画架

5. **调色盘**

定义：调色盘是油画家用来混合颜料的平板，通常由木材、塑料或玻璃制成。

使用方法：将不同颜料挤在调色盘上，用画笔或铲刀混合出所需的颜色。

注意事项：使用调色盘时应保持清洁，以便颜色的准确混合。不使用时，应清洁调色盘，以免干燥的颜料影响下次使用。

6. **油画铲刀**

定义：油画铲刀是一种用于混合颜料或在画布上创造质感效果的工具，通常由金属和木柄制成。

使用方法：可用铲刀的边缘调配颜料，也可以用其平面在画布上涂抹颜料，创作出各种肌理效果。

注意事项：使用完毕后，应及时清洁铲刀，避免颜料残留干结。在作画时应控制力度，以免损坏画布。

图 1-3-5 调色盘和油画铲刀

7. **扇形笔**

定义：扇形笔具有扇形笔头，适用于渲染和扫描效果。

使用方法：平轻扫或拍打画布，用于柔和过渡色块。

注意事项：保持笔毛的柔软和清洁，定期清洗。

8. **平头笔**

定义：平头笔笔头宽平，适用于画直线和精细边缘。

使用方法：用于勾勒和填充大面积。

注意事项：保持笔头形状，不要过度弯曲笔毛。

9. **斜头笔**

定义：斜头笔笔头斜切，适合绘制角度和边缘。

使用方法：倾斜使用，绘制斜线和细节。

注意事项：保持切角的锐利，避免笔头变形。

10. **刷子**

定义：刷子头部形状和尺寸多样，适合不同绘画技法。

使用方法：根据需要选择刷型，用于上色和渲染。

注意事项：选择适合的刷子并保持其清洁，定期维护。

11. **软毛狼毫**

定义：笔头柔软，适合精细工作。

使用方法：用于细节描绘。

注意事项：温和清洗，避免破坏细软笔毛。

12. **硬毛猪鬃**

定义：笔头硬挺，适合强烈笔触。

使用方法：用于快速和有力的笔触。

注意事项：清洗时需彻底，以去除颜料残留。

13. **纸巾/宣纸/报纸**

定义：用于擦拭额外颜料和清洁用品的辅助材料。

使用方法：在需要时擦拭笔头或调色盘。

注意事项：选择不容易掉絮的材料，防止杂质混入颜料。

13. **塑料刮刀**

定义：用于刮除多余颜料，调整画面纹理的工具。

使用方法：轻刮或重压画布，创造质感。

注意事项：刮除颜料时要均匀且谨慎，避免损坏画布。

图 1-3-6　油画画笔和塑料刮刀

二、水性材料

水性材料是一类可溶于水的绘画材料，如水彩、丙烯、水墨、水粉、钢笔淡彩、马克笔等。它们使用水作为主要溶剂或稀释剂，具有易清洗、环保等优点，创作者可以通过调节水的使用量来改变颜料的浓度和流动性，创造出丰富多样的色彩效果。水性材料在绘画、装饰等领域广泛应用，水性材料的选择需要根据个人具体需求和应用场景。

1. **水彩**

定义：水彩是一种通过水激活的透明或半透明颜料，干后可以再次用水激活。

使用方法：通常使用湿画法，在水彩纸上涂抹水后再上色，也可干画或混合使用。

注意事项：水彩画干得快，需快速作画；干后可能会颜色变淡，层次绘制需考虑色彩堆叠效果。

2. **丙烯**

定义：丙烯是一种快干、水溶性的塑料颜料，干后防水。

使用方法：可以稀释成水彩效果，也可以厚涂类似油画；适用于多种底材，如画布、纸张。

注意事项：干得非常快，需及时清洁工具；一旦干透则无法用水溶解。

图 1-3-7　水彩和丙烯

3. 水墨

定义：水墨通常指用水调和的中国墨，具有浓淡变化丰富的特点。

使用方法：在宣纸或毛边纸上使用，可通过水的多少调整墨色深浅。

注意事项：宣纸吸水性强，作画需控制水分；作品需防潮保存。

4. 水粉

定义：水粉是一种水溶性颜料，干后哑光且稍有粉质感。

使用方法：可用水调节成黏稠或稀薄状态，适用于多层次涂覆。

注意事项：干后易脱落，需喷定画喷雾或覆盖保护层。

5. 钢笔淡彩

定义：钢笔淡彩是指用钢笔和稀释了的墨水或水彩进行绘画。

使用方法：先用钢笔勾勒线条，再用淡彩调整明暗和色彩。钢笔淡彩可以结合水彩工具进行创作。

注意事项：钢笔需定期清洁，防止墨水干涸；绘画纸要选择吸墨性好的类型。

6. 马克笔

定义：马克笔色彩种类较多，也可叠色进行调色，常用于纸本的设计图绘制。

图 1-3-8　马克笔

使用方法：直接在纸上绘制，可利用不同笔头进行粗细变化，也可进行叠色，使色彩具有更多的变化。

注意事项：墨水可能穿透薄纸，绘图时下面需要衬纸；长时间未使用需检查是否干涸。

7. 水性油墨

定义：使用水作为溶剂的印刷油墨，相比溶剂型油墨更环保。

使用方法：在喷墨打印机中使用，适用于纸张、布料等多种材质。

注意事项：印刷材料需适合水性油墨，避免油墨扩散；需保证打印头不被干墨堵塞。

8. **水性胶**

定义：水性胶是一种以水为分散介质的胶黏剂，通常为白色液态，干燥后透明。

使用方法：可用于黏合纸张、布料等，涂抹后需等待干透。

注意事项：不适合重物或承重接合，湿度过高的环境下黏性会降低。

9. **水性印染颜料**

定义：用水分散的颜料，用于纺织品的印染，环保且色牢度好。

使用方法：与印染助剂混合后印刷在纺织品上，经过固色处理。

注意事项：要控制好印染过程中的水分和温度，确保颜色的均匀和固色效果。

10. **水性丙烯酸树脂**

定义：水性丙烯酸树脂是一种水性聚合物，干燥后形成透明保护膜，多用于涂料和黏合剂。

使用方法：直接涂抹或与其他成分混合后使用，适用于室内外涂装。

注意事项：使用时要注意环境通风，干燥时间受环境温度和湿度影响。

水性材料里最主流的材料就是水彩。下面继续深入了解水彩创作过程中所需要的相关辅助工具。

1. **实心画板**

定义：实心画板是一种坚固的板材，用来支撑水彩画纸，以便稳定绘画。

使用方法：将水彩纸张固定在画板上，通常使用水胶带或夹子。

注意事项：选择尺寸适合纸张的画板；确保画板表面干净，避免污染画纸。

2. **水彩画纸**

定义：水彩画纸为高吸水性纸张，表面有粗糙、中等粗糙和光滑等不同质地。

使用方法：根据所需的纹理和吸水性选择合适的纸张进行绘画。

注意事项：画纸应平整，避免折痕；湿画法作画前可先湿润纸张以防止变形。

图 1-3-9　实心画板和水彩画纸

3. 水胶带

定义：水胶带是一种可在湿润时增强黏性的胶带，用于固定纸张。

使用方法：在固定水彩纸到画板上时，用水胶带沿边缘粘贴。

注意事项：撕除时要小心，以免破坏纸张；可以用湿布轻轻擦拭以减少黏性后再撕去。

4. 平头画笔

定义：平头画笔的刷头是平的，适合填充大面积颜色和做直边细节。

使用方法：可以用来进行平涂或拍打技法。

注意事项：使用时力度要均匀，保持笔触方向一致。

5. 圆头画笔

定义：圆头画笔是圆形尖头的画笔，适合细节的刻画和线条的绘制。

使用方法：用圆头画笔适合画细小的结构，可以制作出精致的细节。

注意事项：不宜用来涂抹大面积的色彩，一来费功夫，二来损伤笔毛。

6. 斜头画笔

定义：斜头画笔的刷头呈斜角，适合做锐利边缘和特殊笔触效果。

使用方法：斜头画笔通过旋转笔杆，利用好斜头笔的笔锋可以获得丰富变化的立锋与侧锋线条。

注意事项：斜头画笔适用于具有表达性的笔触和边缘细节的处理。

7. 毛笔

定义：毛笔通常由动物毛发制成，吸水性强，适用于流畅的笔触和渲染。

使用方法：可以进行大面积的均匀渲染或精细的线条描绘。

注意事项：保持笔毛的清洁和整洁，不使用时应挂起来干燥。

8. 扁平画笔

定义：扁平画笔的刷头宽而平，适合快速覆盖大面积和做平坦的笔触。

使用方法：拿平画笔的侧面可以做窄笔触，适用于较大面积的涂抹。

注意事项：避免用力过大以免笔毛分散，影响笔触效果。

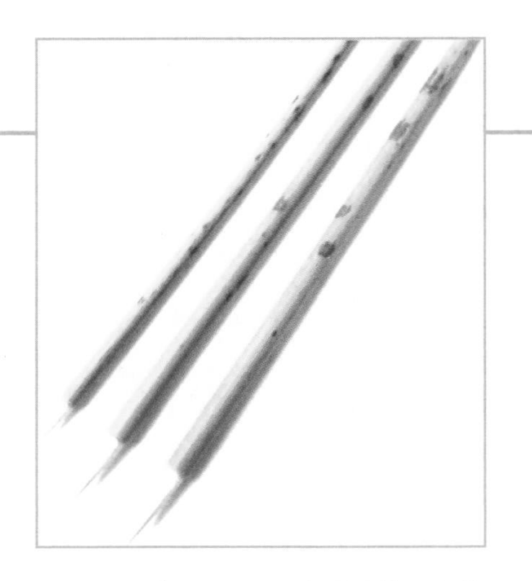

图 1-3-10　水彩画笔、毛笔

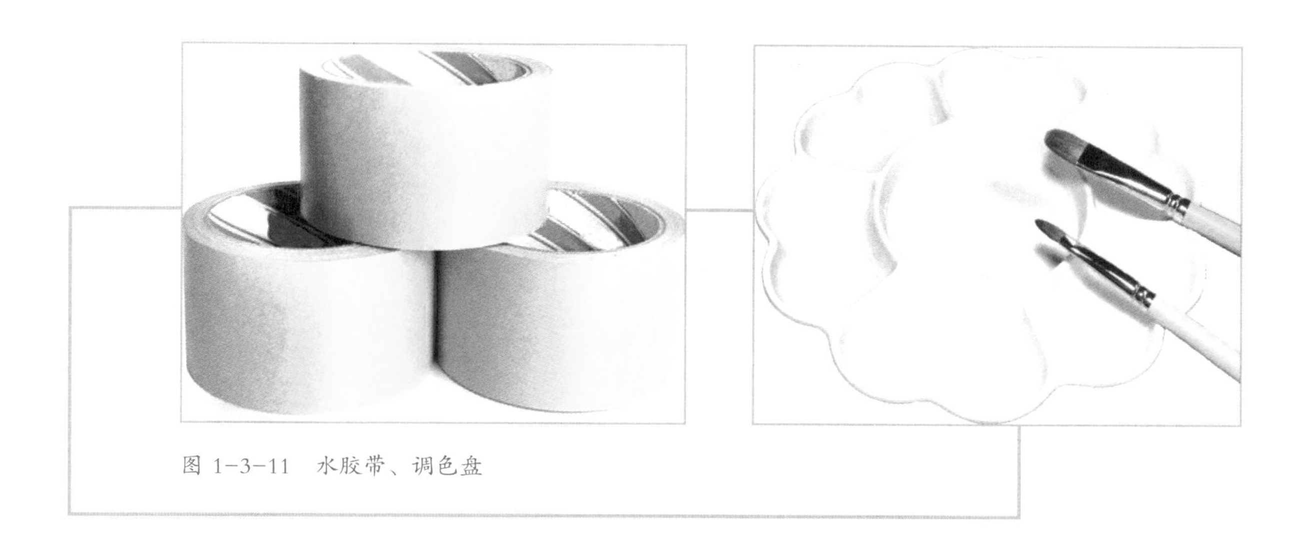

图 1-3-11　水胶带、调色盘

9. 水彩调色盘

定义：调色盘是用于混合和稀释水彩颜料的工具，通常有多个凹槽。

使用方法：将颜料挤在盘面，根据需要加水调配。

注意事项：保持调色盘的清洁，避免不同颜色混淆。

10. 水桶

定义：水桶用于装水，用来稀释颜料和清洗画笔。

使用方法：在作画过程中，水桶可用来清洗画笔，当水脏时应根据需要更换清水。

注意事项：创作者可保持水的清洁，及时更换。

11. 吸水海绵

定义：吸水海绵用于吸取画笔上多余的水分和颜料，可用于调节纸面湿度。

使用方法：轻轻按压在画纸上吸水或拭去过量颜料。

注意事项：使用后要清洗干净，避免颜料残留。

12. 留白液

定义：留白液是一种液体遮罩用品，用来保护水彩画中需要保留的白色区域。

使用方法：在希望保留白色的区域涂抹留白液，待其干燥后再作画。

注意事项：画完整幅后彻底干透才能撕除留白液，使用不当会损伤纸面。

13. 蜡烛

定义：蜡烛可用于在水彩画中制造防水的白色纹理效果。

使用方法：在纸上涂抹蜡烛，水彩将无法渗透这些区域。

注意事项：一旦涂抹，很难重新覆盖颜料，因此需要谨慎使用。

14. 柳叶刀

定义：柳叶刀或类似塑料卡片，可以用来刮出水彩画上的线条和纹理。

使用方法：用边缘轻轻刮过湿润的颜料以创建纹理。

注意事项：刮的力度不宜过重，以免破坏纸张。

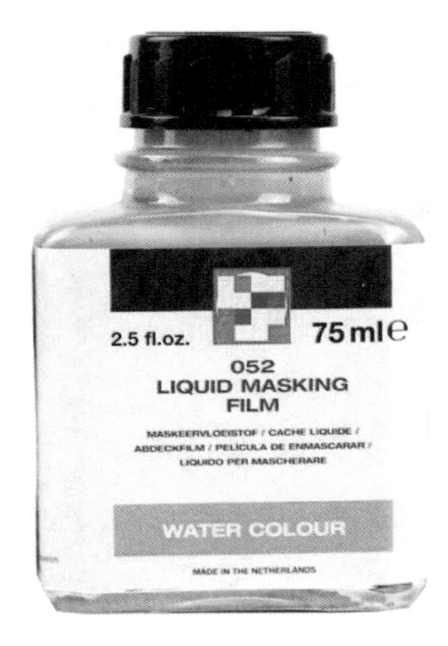

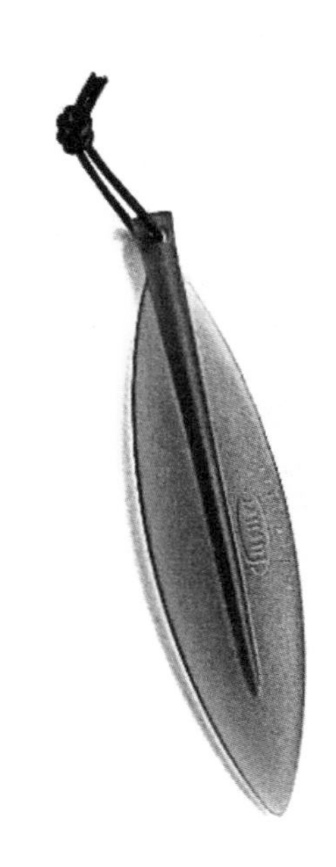

图 1-3-12 留白液、柳叶刀

三、干性材料

干性材料是指在绘画作品中使用的不溶于水的材料。这些材料通常是以固体或粉末的形式存在，需要使用液体媒介（如油、溶剂）来稀释和搅拌，以便应用到绘画表面上。干性材料具有较长的干燥时间，可以在绘画过程中进行修正和涂层叠加，使创作者能够有较长的时间来处理和调整作品。

常见的干性材料包括油画颜料、粉末颜料、蜡笔、粉彩、彩铅等。这些材料在干燥后会形成固体或半固体的膜层，为作品提供了持久的保护和丰富的质感。干性材料在绘画中具有丰富的表现力和深度，常用于素描、粉画和蜡笔画等绘画形式中。干性材料可以不借助其他辅助工具，直接通过干画法进行表现作画；也可以将部分可溶于水的干性材料进行湿画法的表现作画。

1. 铅笔

定义：铅笔是一种常见的绘画和书写工具，由木杆包裹石墨和黏土制成的芯材组成，硬度从6B到6H不等。

使用方法：可用于勾线、打草图、阴影渲染等。

注意事项：需保持铅笔芯适当尖锐，以便精确绘制；铅笔硬度需根据绘画需要选择。

2. 炭笔

定义：炭笔是由木杆包裹压缩木炭粉制成的绘画工具，特点是易于产生深邃的黑色和灰色调。

使用方法：适用于快速素描、大面积阴影渲染。

注意事项：炭笔较易折断和弄脏纸张，使用和保存时需小心。

3. 彩铅

定义：彩铅是一种带颜色的铅笔，通过不同压力可产生不同浓度的色彩。

使用方法：既可用于精细的线条工作，也适合颜色的层叠和混合。

注意事项：避免用力过猛以免损坏纸张。彩铅较难擦除，需谨慎施压。

4. **色粉**

定义：色粉是一种干燥的粉状颜料，可以用于干粉绘画或与其他媒介混合使用。

使用方法：可直接用指尖、纸条或专用工具涂抹在纸上。

注意事项：色粉不易固定，使用后容易弄脏纸张，需小心操作；可使用定着剂固定作品。

5. **油画棒**

定义：油画棒是一种固态的油画颜料，它即可作为油性材料，也可作为干性材料。油画棒可以直接在画布上作画。

使用方法：可以直接涂抹，也可以用刀片刮成粉末后使用。

注意事项：油画棒较软，易于混合和覆盖，但需时间干燥。

6. **木炭条**

定义：木炭条是由烧制木材制成的绘画材料，质地较软，易于产生丰富的黑白灰阴影。

使用方法：适合大幅面的素描和快速表现，通过摩擦产生不同深浅的效果。

注意事项：木炭易碎且会弄脏手和纸张，作品完成后需使用定着剂。

7. **炭精条**

定义：炭精条是一种由压缩炭粉制成的条状物，比木炭条更硬、细节表现更为精准。

使用方法：适用于细节描绘和长时间的绘画工作。

注意事项：同样需要注意炭粉的飘散和保存，绘画完成后应使用定着剂。

8. **索斯、散基那**

定义：索斯、散基那都是用于绘画的干性材料，两者特性比较接近，通常由压缩的颜料粉末制成，类似于软木炭。它们能产生丰富的色调和柔和的纹理效果，广泛用于列宾美术学院的基础教学中。

使用方法：索斯、散基那可以直接在纸上使用，通过不同的压力产生从深到浅的色彩层次。可以用水稍微湿润以制作不同的艺术效果，类似于水彩或墨水。也可以与其他干性材料如木炭和炭精条结合使用，增加作品的深度和复杂性。

注意事项：使用索斯、散基那时需要在良好的通风环境中，以防止吸入颜料粉尘。在使用过程中，由于产生细微粉尘，应避免用手触摸面部，尤其是眼睛和嘴巴。完成作品后，应使用定着剂来固定颜料，避免作品被轻易擦掉或褪色。

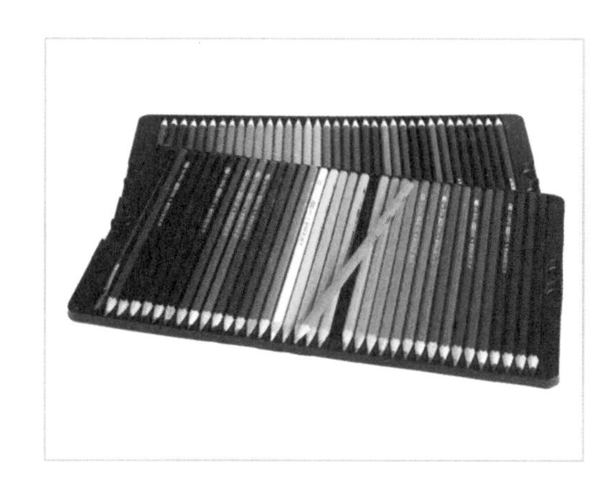

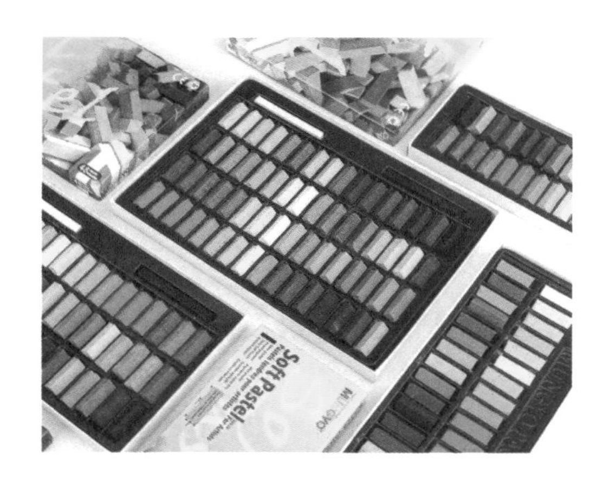

图 1-3-13　彩铅、色粉

图 1-3-14 木炭条、炭精条

四、综合材料

综合材料绘画是在绘画作品中利用多种不同的媒介和材料进行创作的艺术形式。综合材料绘画与传统的单一媒介绘画方式有所不同，综合材料绘画可以结合各种天马行空的材料，如纸张、织物、木板、金属、玻璃、塑料等，并使用不同的绘画工具和技术，利用有效的绘画颜料、墨水、铅笔、蜡笔、贴纸、拼贴、雕刻等。这种绘画形式突破了传统的平面绘画限制，允许创作者通过材料的质感、颜色、形状和层次来表达更加丰富和多样的意境和情感。

1. 拼贴材料

定义：拼贴材料包括各种可以粘贴的物品，如纸张、布料、剪贴画、贴纸等。这些材料可以被创作者用来在二维平面上创造出立体感和深度，以及通过不同材料的质感和色彩产生视觉冲击。

使用方法：选择基底，如画布、硬纸板或其他承载材料。根据作品设计，裁剪或撕下所需的拼贴材料。使用胶水、双面胶或其他黏合剂将材料粘贴到基底上。可以通过层叠不同材料增加作品的复杂度。

注意事项：在选择黏合剂时，要考虑到不同材料的重量和质地，确保它们能牢固地粘贴。拼贴材料可能会改变颜色或在一定条件下褪色，因此需要考虑材料的耐久性。如果作品需要展览或长期保存，可能需要使用专业的固定剂或封面保护。

2. 绘画材料

定义：绘画材料如颜料、墨水、铅笔、蜡笔等，使创作者能够在画布或纸上创作图像。这些材料有不同的干燥时间、透明度和混合特性。

使用方法：根据所需的效果选择适当的绘画工具和颜料，可以通过混合颜料来创造新的色彩。使用适当的画布或纸张，它们对颜料有不同的吸收性和反应。

注意事项：一些颜料可能含有有毒成分，使用时需确保良好的通风，不同的绘画材料干燥速度不同，要安排好绘画的步骤和时间。某些颜料可能难以从画布或衣物上清除，应小心使用。

3. 雕塑材料

定义：雕塑材料如陶土、木材、金属、塑料等，用于创造三维的物体。每种材料都有其独特的加工方法和表现力。

使用方法：选择合适的雕塑材料，考虑到其质地、重量和可塑性。通过切割、塑形、焊接或铸造等手段加工材料。结合不同材料和技术可以得到创新的效果。

注意事项：一些材料如金属和某些塑料可能需要特殊的工具和安全措施。雕塑过程中产生的粉尘和废料需要妥善处理。大型或户外雕塑需要考虑结构的稳定性和耐候性。

4. 手工艺材料

定义：手工艺材料如纺织品、丝线、纽扣、珠子等，提供了丰富的质感和装饰性。这类材料能够为作品增添立体装饰效果和手工感。

使用方法：将手工艺材料编织、缝合或粘贴到作品上。可以通过手工艺技法如钩针、绣花或编织来创作图案和纹理。结合不同颜色和大小的材料来增加视觉吸引力。

注意事项：手工艺材料可能对环境敏感，如湿度和温度的变化可能会影响它们的形态和颜色。使用针线等锐利工具时要小心，以免受伤。某些材料可能会褪色或与其他材料发生化学反应，要提前做好测试。

5. 数字媒体

定义：数字媒体包括计算机软件、数码绘画板、摄影设备等，它们允许创作者进行数字创作，结合传统艺术与现代技术。

使用方法：使用图形软件和绘画板来创作数字图像。利用摄影和视频捕捉现实世界的元素，然后通过编辑软件进行加工。可以将数字作品打印出来或在屏幕上展示。

注意事项：数字艺术作品的存储需要数字化保存策略，防止数据丢失或格式过时。屏幕显示的颜色可能与打印出来的颜色有差距，需校准显示设备。数字技术迅速发展，要不断学习新工具和软件。

综合材料绘画融合了多种艺术元素和技巧，可以创造出独特的视觉效果和观感体验，为创作者提供了更大的创作自由度和表现力。这种绘画形式广泛应用于当代艺术领域，许多创作者通过综合材料绘画来探索和表达个人对于生活环境的思考。下面简要介绍综合材料创作过程中所需要的相关辅助工具。

1. 剪刀

定义：剪刀是一种常见的手持工具，具有两个刀片和一个手柄。刀片锋利，适用于剪裁纸张、布料、贴纸等材料。

使用方法：使用剪刀时，将要剪裁的材料放置在剪刀的刀片之间，用手握住手柄，通过手的运动来剪断材料。

注意事项：在使用剪刀时要注意安全，避免刀片接触到手指或其他部位。选择适合剪裁材料的剪刀，不同材料可能需要不同类型的剪刀。

2. 胶水/胶带

定义：胶水和胶带是常见的黏合工具，用于将不同材料粘贴在一起，创建拼贴效果。胶水通常是液体状，而胶带是具有黏性的可撕取带状材料。

使用方法：将要粘贴的材料涂抹胶水或使用胶带覆盖，然后将它们按需求贴合在一起。胶水需要等待一段时间以便黏合效果达到最佳。

注意事项：使用胶水时要注意避免过量使用，以免材料变得过湿或产生溢出。胶带使用时要确保贴合牢固，避免出现松散或易脱落的情况。

3. 刀具

定义：刀具是用于切割纸张、织物、泡沫板等材料的工具。刀具具有锋利的刀片，可制造一些线的元素。常见的刀具包括美工刀、割刀等。

使用方法：将要切割的材料放置在切割基础上，用刀具进行切割。美工刀适用于削尖铅笔、制造较浅的线条，割刀适用于直线或曲线的切割。

注意事项：在使用刀具时要注意刀片的锋利度，及时更换或磨刀以保持切割效果，更要小心操作，避免刀片伤人。

4. 画笔

定义：画笔是用于涂抹绘画颜料、墨水等材料的工具，常见的画笔有不同形状和尺寸的毛笔、尼龙笔刷等。

使用方法：将画笔沾湿颜料，然后用手持笔柄的一端进行涂抹，可以通过调整压力、角度和速度来控制画笔的笔触效果。

注意事项：在使用画笔时要注意保持笔尖的清洁和湿润，以免颜料干涸或产生杂质。不同的画笔可以产生不同的绘画效果，要选择适合自己创作风格的画笔。

5. 涂抹工具

定义：涂抹工具包括海绵、刷子、刮刀等，用于涂抹颜料、墨水或胶水。它们具有不同的形状和质地，可用于创造多样的效果。

使用方法：根据需要选择合适的涂抹工具，将颜料、墨水或胶水涂抹在画布、纸张或其他材料上。可以通过不同的涂抹方式和力度来实现不同的画面效果。

五、挑选绘画材料品牌

一是看绘画材料的品质和可靠性：看该品牌的产品质量和可靠性，包括颜料的稳定性、色彩的鲜艳度、延展性和耐久性等方面，看品牌的历史和声誉，以证明在绘画领域的专业性和信赖度。

二是看绘画材料的色彩选择：看该品牌提供的色彩色号范围进行选择，包括基本色、特殊效果色和限量版色彩等。

三是看绘画材料的创新和独特性：看品牌的创新和独特的产品特点，包括采用特殊配方或天然成分制作的颜料，以及特殊的质地或效果。

四是看绘画材料的创作者支持和社区：看品牌是否有专门的创作者支持计划或社区，包括提供创作者特别优惠、举办创作者工作坊或展览等。

五是看绘画材料的用户评价和推荐：看其他创作者对该品牌的评价和推荐，了解他们为何选择该品牌的颜料，以及他们在使用过程中的体验和效果。

本章小结

本章主要介绍了建筑与风景写生的基本知识和技巧、建筑风景在艺术实践课程中的作用和意义以及建筑与风景写生的材料使用。创作者通过学习掌握写生的基本概念和技法，可以更深入地了解透视法则、如何准确描绘物体的立体感和空间关系并掌握建筑风景写生常用的工具与材料，如素描笔、水彩笔、水彩纸等的使用方法。

通过对校园建筑、城市风景等题材的写生练习，创作者可以进一步提高对色彩、光影、结构的观察和表现能力，培养细致入微的美学素养。建筑风景写生不仅培养了创作者审美情趣和欣赏建筑艺术的能力，还启发了其对空间、形体、光影的思考，拓宽了创作思路，为后续创作打下了基础。

建筑风景写生让创作者在轻松愉悦的创作氛围中掌握技能，也使其意识到绘画创作需要持之以恒地训练与思考。本章内容为后续建筑与风景写生的专业技法、作画步骤奠定了基础，让创作者对建筑与风景写生的艺术创作有了更深入的理解和探索的兴趣。

作业与练习

1．使用干性材料或者水性材料练习建筑与风景写生的草图，四开纸本。

2．室内外建筑风景写生实践。创作者通过观察和绘画，能够表达自己对建筑风景的感受和理解，创作过程中注重构图和明暗处理。

3．写生作品展示和评析。创作者互相欣赏和评价彼此的作品，从中学习和借鉴。

第二章　建筑与风景写生作画步骤

上一章我们了解了建筑与风景写生的概论，其中在工具与材料使用中，我们学习了不同材料的基本特点。本章我们探讨油性、水性、干性和综合材料的建筑风景写生步骤，通过理解不同材料的画法原理，丰富表达手段、灵活应对各类题材创作。

知识点：

1. 学习油性、水性、干性和综合材料的作画步骤。
2. 掌握油性、水性、干性和综合材料的特点和用途。

教学目标：

1. 技能目标：熟练掌握各种油性、水性、干性和综合材料的绘画技法。

2. 情感目标：不同材料作画的步骤学习可以培养创作者观察能力和表现能力，提高创作者审美能力，激发创作者创造性思维，培养创作者综合素质，提高创作者艺术修养。

3. 素养目标：在学习建筑与风景写生的作画步骤过程中，可以培养创作者观察建筑特征，理解风景与建筑、风景与写生的关系与区别，这不仅考验他们的观察力，更需要他们具有从多角度、全局视角去观察社会的能力。创作者需要通过各种方式表达他们的理解和观点，这不仅是对他们理解的检验，也是他们参与艺术实践的一种方式。大量的艺术创作实践体验可以帮助创作者训练良好的表达能力和沟通能力，使其用合适的方式表达他们的观点，以此来实现自己的价值。

教学重点：

掌握油性、水性、干性和综合材料的作画步骤，并熟悉各种材料的特点和用途。

教学难点：

理解各种材料的特点和用途，选择适合的材料进行建筑风景写生。

思政小课堂

本章主要涉及创作能力的培养和艺术修养的提升，通过学习建筑风景写生的作画步骤和各种材料的特点和用途，培养创作者的观察、分析、表现和创造能力，引导创作者对建筑的审美和文化价值进行思考。通过这样的学习，希望创作者能够提高自己的综合素质，培养创造性思维，提升艺术修养，为未来的艺术创作打下坚实的基础。

第一节 油性材料的建筑风景写生步骤

中国油画百年发展，今日方兴未艾。作为油画工作者，我们当以开阔视野、包容心态，学习中西绘画精髓，开拓创新。如何提炼景物、营造意境，是每个创作者必然面对的课题。从实景到绘画，体现的是技巧与美学修养的综合。

油性材料中，油画是大多数人会选择的，也是一个十分成熟的画种。本节我们重点讨论油画材料建筑风景写生的步骤。我们不拘泥于现实，要在写生中求新求变，在变中求真，最终达至意境的提升。

油画材料建筑风景写生前要做好准备工作，选择合适的油画颜料、油画画布或油画纸，以及画笔、刮刀、调色盘等绘画工具。做好准备工作后，认真观察选定的建筑风景，深入理解其结构、细节、色彩、光影效果等特征，这种细腻入微的观察是画好一张画的前提。

当准备工作与建筑风景的观察完成之后，便可以开始作画，下面介绍油画材料的建筑风景写生步骤：

一、构图起形

构图起形是建筑与风景写生的第一步，非常重要。在这一步中，需要确定建筑物在画面中的具体位置，同时考虑到画面节奏感、空间关系等因素。通过精心的构图，可以突出创作主题，增强画面的感染力。

图2-1-1是作品《蔚蓝》步骤一，首先概括细节，只看整体形状，将远景的天空看作一个形状，中景左右建筑、远山视为一个形状，近景地面与树的影子视为一个形状；抓准近中远景的三个形状，然后将近中远景依次深入，深入小的形状、面积与结构；在细化形体结构的时候需要考虑到建筑物细节与风景整体空间的关系。在绘制的过程中，可以使用铅笔或小刷子来完成这个任务，铅笔适用于新手朋友，对于线条的修改更方便。在绘制轮廓时，尽可能放松用笔，抓准视觉点的形，并尝试表现出视觉中心的质感和细节。想要画面的层次感更强烈，在第一步构图起形时，还可以将光影关系跟出来，使用单一

图 2-1-1 张博雯《蔚蓝》步骤一
布面油画 2023 年

颜色（比如赭石或者熟褐）统一画面的光源与暗部。

通过确定建筑物在画面中的位置和绘制它的大致轮廓，可以突出主题，增强画面的感染力。舒适有趣的构图会让画面拥有强烈的点线面节奏美感，这一步需要仔细观察画面中正负形的节奏对比、准确描绘画面中的结构与形状。准确的形体可以帮助创作者在后续的铺色塑造中有的放矢，可以帮助创作者创作出严谨的建筑风景作品。

二、铺大色块

图 2-1-2　张博雯《蔚蓝》步骤二
布面油画　2023 年

铺大色块是建筑与风景写生的第二步，需要对大的色调进行清晰的规划。在调色时，需要考虑到画面的整体色调，并尝试创造出符合主题的色彩效果。

在铺大色块时，可以采用不同的顺序。一种方法是先铺设最大面积的颜色，以颜色色块面积大小顺序进行铺色，这样的作画步骤可以让画面更快成型。当大面积的亮部颜色铺设完成后，需要再回到留白处铺设颜色，让画面的色彩完整，将暗部和亮部拉开明度对比、冷暖对比，以此来抓住光感和色彩。另一种方法是按照传统的方式，从暗部开始铺色，这样画面会更稳一些，画面的明度对比会更强烈。若先画暗部，再画亮部的时候要对比暗部，拉开冷暖与明度关系。在铺大色块时，需要心中有数、心中有景，对大的色调、光感有清晰的规划，并根据需要采用不同的作画顺序和技巧，以创造出符合主题的色彩效果。

三、深入刻画

深入刻画建筑风景油画作品要求创作者不仅仅是复制自然，而是要通过艺术手段提炼和表现自然。在深入刻画时，创作者需对建筑的结构、纹理、光影变化有深刻的理解，通过精细的笔触捕捉砖石的质感、窗户的反光，以及建筑的线条。这些细节的积累会使得建筑在画布上栩栩如生。艺术家应根据光源的方向和强度选择色彩，暖色调可以用来描绘阳光直射的部分，冷色调则用于阴影部分，创建出物体的立体感。在夕阳的情境下，阳光照耀的部分可以用暖色调的橙黄色系加强光感，而阴影部分则用蓝灰色系来表现冷暖对比，增强空间感。深入刻画需要加强层次感的营造，通过在画面上设置不同的色彩层次，可以使画面产生远近感。在近景、中景、远景间使用不同明暗度的色彩，可以帮助观众在视觉上区分不同的空间层次。近景可以使用较为饱和的色彩以突出重点，而背景则使用较为淡化和模糊的色调，以表现空间的深远。

在建筑风景画中，光影对比是营造氛围的关键。通过对比明暗，强化光影效果，可以使建筑立面的纹路和凹凸感更加明显。强烈的阳光下，建筑的立面会产生明暗对比强烈的影子，创作者需要捕捉这些瞬间，用色彩的明暗变化表现出来。最后是构图的考量。艺术家在绘画时还需要考虑整幅画面的平衡和谐，通过建筑物的位置安排、空白的留白以及整体色彩的协调，构建出一个引人入胜的视觉效果。

深入刻画是建立在构图起形、铺大颜色的基础上的重要一步。顺着大色调将建筑风景的细节塑造出体积、区分出冷暖，这不仅要精确描绘出建筑顶部的一砖一瓦，更要通过色彩、光影和构图的艺术处理，把看似普通的建筑风景转化为富有情感和哲理的艺术作品。

四、调整完成

调整完成阶段是建筑风景油画创作中的收尾工作，这一步骤要求艺术家具备精湛的技艺和敏锐的审美观，通过对作品的细致打磨，使之达到一个完整的艺术表现。

在画面上已经形成建筑的大体轮廓和主体色块后，创作者需要进一步描绘更多的细节。这可能包括砖石间的缝隙、窗框的阴影、建筑装饰的花纹等。这些细节的添加会使建筑物更具真实感和历史感。光影是建筑风景油画中表现立体感的关键，通过调整光线的方向和强度，以及影子的长度和深浅，创作者能够增强作品的空间感。这一步往往需要在不同的时间多次观察同一风景，以捕捉最佳的光影效果。在整个画面中，色彩需要协调一致，符合光照条件和氛围要求。创作者需要检查并调整色彩的温度、饱和度和明度，以确保画面整体的和谐。这可能涉及强化某些部分的色彩，或者弱化一些分散注意力的颜色。在建筑风景作品中，前景、中景和背景的处理应相得益彰。创作者可能需要通过增强前景的细节或调整背景的色彩来营造深远的空间感。使用刮刀、布片或画笔，创作者可以修正那些不够完美的部分。如有必要，还可以在干透后涂上透明的色层，以调整整体的色调和亮度。在作品即将完成时，创作者会加入一些细微而关键的笔触，可能是一点高光、一丝云彩或一棵突出的树木，都是画面的点睛之笔，能够活跃整个画面，使作品生动起来。当作品调整完成并且颜色彻底干燥后，为了保护画面，艺术家可以给作品上防护层，如刷一遍上光油，以确保色彩的鲜艳和作品的长久保存。

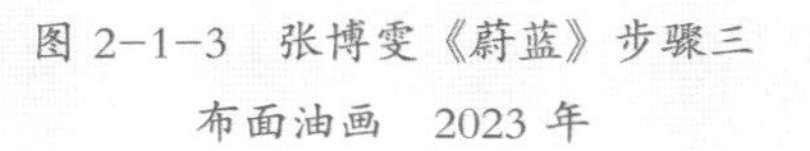

图 2-1-3　张博雯《蔚蓝》步骤三
布面油画　2023 年

图 2-1-4　张博雯《蔚蓝》步骤四
布面油画　2023 年

通过这些细致而缜密的调整，建筑风景油画作品才能真正完成。这一步骤需要创作者具备丰富的经验和高度的耐心，以确保每一个细节都经过精心处理，整个画面达到视觉和情感的最佳平衡。

面对大场景的写生时，第一步要把握好近景、中景、远景的形状。可以通过正负形观察法推敲形体位置，将构图做得准确。铺大颜色时，应对色彩的大致分布和整体气氛进行塑造，以大块颜色填充画面，构建基础色调。深入刻画阶段，我们应注重细节的描绘，通过深浅、冷暖色彩的对比，刻画出空间的立体感。调整完成阶段，要对画面整体进行审视，调整颜色、明暗、对比度等，以确保整体的和谐统一。每一步都需要耐心和细心，这将使作品更加生动和饱满。

图 2-1-5　焦媛慧《漫野》作画步骤　布面油画　2023 年

第二节　水性材料的建筑风景写生步骤

水性材料在建筑风景写生中以其便捷性和操作的易变性备受青睐。水彩、水粉等水性颜料因其透明质感和轻盈感而在表现光影变化和空气感上独树一帜。掌握水性材料写生的技巧，能让画家在捕捉瞬间的光影变化和细微气氛上更为得心应手。本节详述如何使用水性材料进行建筑风景写生，以及如何通过这些材料表达个人的艺术感受和创作意图。

在使用水性材料进行写生之前，选择合适的工具和材料是非常关键的。水彩纸的纹理和厚度会影响颜料的吸收和扩散，因此根据需要选择冷压纸或热压纸至关重要。高质量的水彩颜料、不同尺寸的画笔、水杯、调色板和一些辅助工具，如纸巾、遮盖液等也需要准备齐全。

一、构图起形

与油性材料不同，水性材料更难进行大幅的修改，因此在画布上的构图和初步勾勒尤为重要。在实际写生过程中，创作者应该细致观察建筑风景的特征，以及光影如何在不同的时间和天气条件下改变它们的外观；注意建筑的比例、线条、透视以及它们与周围环境的关系；分析光源的方向，预判明暗关系，以及各个部分的色调变化。要将复杂的场景简化为基本的几何形状，比如将建筑简化为矩形、圆形和三角形，树木简化为圆形或者椭圆形。

使用轻柔的铅笔或自动铅笔勾勒出基本的构图框架。不要过分按压，以免铅笔线过重而难以修改，或在最终作品中显露出来。在基本形状勾勒好之后，检查各个元素之间的比例关系是否协调，以及透视是否准确。在水彩画中，比例和透视的错误可能会难以更正，因此在铅笔勾勒阶段就要格外注意。当框架和比例确定后，可以开始细化轮廓和结构。细化的过程中，逐步加入建筑的细节，如窗户、门廊等。对于需要保持白色或亮色的小区域，比如窗户的亮部或者建筑上的反光，可以在此阶段使用遮盖液进行保护，等到画面几乎完成时再撕去遮盖液，以露出下面未被颜料覆盖的纸面。在绘制过程中，始终要考虑整个画面的动态平衡，确保画面中的视觉元素分布均匀，没有过分集中或空旷的区域，除非这种布局是有意为之以突出某种效果。

图 2-2-1　张颖方《园林一景》步骤一　纸本水彩　2023 年

二、铺大色块

水性材料最大的特点之一是色彩的透明性和流动性，这也是其表现建筑风景时所独具的魅力。在铺色阶段，先从远景开始，逐步铺向近景，使用水来调整颜料的流动和色块的边缘。在这一步骤中，不仅要关注色块的明暗关系，还要注意色彩之间的和谐与对比。

一般而言，色彩铺设应遵循由浅至深的原则，即从淡色调大块区域着手，逐步增强颜料的浓淡和色彩的深浅。如此一来，不仅能保障画面的清新明快，也便于后期对色彩的微调，在铺色开始之前，应对全幅画面的色调进行一致性的规划，要首先考虑光线及天气对色调的作用，选择一个主色调作为画面的基调，既可以是温暖色系，也可以是冷色系，以确保整个画面色彩的协调统一。将画面划分为不同区域进行色彩铺设，首要填充的是大块色域，如天空、远山、草地等大块形状的色彩，并且注意各色块之间的联系和过渡，随后再逐渐铺设建筑各个部分的细节。

留白是水彩画中一种重要的表现手法，可以有效地体现光线和高光。在铺色时，通过有意识地留出一些纸面未涂颜料，可以形成光亮部分，增强画面的立体感和层次感。

水彩画的特点之一是水的使用，控制好水的多少对色彩的扩散和边缘的柔和度有着直接的影响。湿润的纸面能够使颜料自然扩散，而干燥的纸面则利于保持颜料的稳定和形状的清晰。在铺设色块时，要注意色彩间的混合与调和，这不仅仅发生在调色盘上，更多的是在纸面上直接进行。利用水彩的湿润特性，可以在画面上直接加入其他颜色，让它们在纸上相互融合，创造出自然的色彩渐变和柔和的过渡。

三、深入刻画

当大色块初步铺好之后，接着需要进一步细化描绘建筑细节和景物的层次。此时，可以使用较细的画笔和较浓的颜料来描绘窗户、门、屋檐等建筑细节。可以通过调整不同部分的色彩饱和度和明暗度来强化画面的深远感和层次感。水性材料特有的光透效果，特别适合捕捉建筑和风景在不同光照条件下的变化。通过对光影的敏感捕捉，画家能够在作品中营造出特定的时间感和气氛。淡化或加强某些部分的明暗对比，可以带来更加丰富的视觉效果。

四、调整完成

当水彩画接近完成时，调整和完善画作是至关重要的步骤，这一阶段需要仔细审视，对画面进行最后的修饰。

远离画作，从整体上审视作品。这有助于识别色彩平衡、构图布局以及光影效果是否达到预期的效果。可以通过照相机预览来获得不同视角下的效果。检查画面中的色彩是否和谐，是否有需要调整的地方。对于色彩不足的区域，可以通过透明的上色技法增加深度和饱和度。如果某些颜色过于强烈，可以用相邻色或互补色轻轻覆盖来中和。对于需要突出的部分，增加对比度可以吸引观者的注意，可以通过加深阴影或增亮高光来实现。但要注意不要过分强调，以免破坏画面的整体和谐。用尖细的画笔修饰细节，如窗户的线条、树叶的纹理、建筑的装饰等。这些微小的改动能大大提升画面的完整性和精致感。确保画面的边缘处理得当。某些边缘可能需要模糊以让画面看起来更自然，而某些锐利的边缘则可以帮助突出重点元素。如果在绘画过程中高光部分被遮盖，可以用刮刀轻轻刮去颜料来恢复，或者使用白色的水彩或修正液加以强调。检查画面的视觉平衡，确保没有过于空旷或拥挤的区域。必要时，可以通过添加小的元素或调整现有元素的色彩和形状来平衡画面。最后在画面适当的位置签上名字。签名通常不宜过于显眼，以免分散观者对画面的注意力。

图 2-2-2 张颖方《园林一景》步骤二
纸本水彩 2023 年

图 2-2-3 张颖方《园林一景》步骤三
纸本水彩 2023 年

图 2-2-4 张颖方《园林一景》步骤四
纸本水彩 2023 年

在使用水彩进行建筑风景写生时，构图起形的线稿干净些，并对画面进行适当的取舍与调整，会让画面看起来均衡、自然。铺大关系阶段，简化处理繁杂的景物，把画面概括为几个层次，这样画面不会显得碎。在深入刻画阶段，需要提高对景色的艺术感受，在塑造细节、丰富色彩、营造体积与质感的时候将感受做强化。最后的调整完成阶段，在前面步骤的基础上，检查空间感是否舒适，冷暖色彩与色调是否强烈，细节与质感、体积是否丰富饱满等，根据需要进行适当调整，使画面更加协调自然。

图 2-2-5　刘婧《秋窑》步骤图　纸本水彩　2023 年

第三节　干性材料的建筑风景写生步骤

干性材料在建筑风景写生中同样占据着举足轻重的地位，特别是对于那些在户外快速捕捉场景的艺术家来说，铅笔、炭笔、彩色铅笔、粉彩或其他干性媒介具有便携性和直接性，这些特性是油性材料所不具备的。在这一节中，我们将重点深入探讨利用干性材料——彩色铅笔进行建筑风景写生的步骤。

一、构图起形

仔细观察建筑物的轮廓、比例、光线和影子。注意建筑的特点和周围环境，包括建筑风格、材料的质感、树木等元素。在纸上用轻轻的线条勾勒出基本的构图。可以使用画格子的方式来把握比例和布局，或者用简单的几何形状来概括建筑的主体。确定光源的位置和性质（如日光、阴天光线等），并观察光如何在建筑上形成明暗对比。勾勒出影子的大致位置和形状，这有助于后续在画面中建立立体感和深度。用彩铅初步勾勒出建筑和景物的轮廓，注意线条的方向和压力，以表现出建筑的结构和质感。逐渐增加线条的细节，精细描绘窗户、门、屋檐等建筑元素，以及周围环境的特征。使用彩铅铺设大颜色的方法是一项需要耐心和技巧的工作。彩铅作为一种干性材料，它的特性在于可以通过层层叠加来丰富色彩和质感。选择高质量的彩铅，它们通常具有更好的色彩饱和度和更柔和的铅芯，便于铺色和混色。准备一组广泛的色谱，以便有足够的色彩选择来构建场景。

二、铺大色块

观察建筑风景，确定光源方向和主要的色调。识别出画面中的暖色区和冷色区，以及不同物体在光照下的本色。首先使用较浅的色彩铺设基础色块，这些色彩将成为后续更深色彩的底层。使用侧面涂色技巧，将彩铅斜放，使用较宽的侧面在纸上铺设颜色，这有助于快速覆盖大面积。在基础色块上层叠加其他色彩，通过叠加不同的颜色来达到所需的色调和深度。调整手上的压力来控制色彩的深浅，轻柔的压力用于较浅的色彩层，增加压力以增强色彩深度和饱和度。为了创造平滑的过渡和混色效果，可以通过轻柔的笔触将两种颜色在交界处融合。在光线直射的地方使用亮色来增加高光，对于阴影部分使用更深的色彩来加深阴影效果。在需要强调的区域，增加颜色的饱和度，使之更加鲜明和突出。在最暗和最亮的区域加强对比，这样可以更好地塑造光影效果和立体感。

三、深入刻画

深入刻画和调整完成彩铅画作的方法要求创作者进入更为精细的绘画阶段，使用尖锐的彩铅细化描绘边缘和小部件，如建筑的砖石纹理、窗框的阴影以及门的细节。此时，每一笔都要精确，以确保细节的真实性和准确性。识别画面中的暗部，并用深色系彩铅加强阴影，以增强物体的立体感和深度。轻轻地叠加深色，直至达到满意的深度。在确定光源后，用较浅色彩铅或白色铅笔在建筑的边缘和凸起部分添加高光。应该非常小心地处理高光，因为过多的高光会使画面显得过于刺眼。利用不同的笔触来表现不同的材质和纹理，包括用短而快速的笔触表现树叶、用平滑的长笔触表现沉静的天空。

图 2-3-1 叶姝晴《宫阙动高秋》步骤一
纸本彩铅 2023 年

图 2-3-2 叶姝晴《宫阙动高秋》步骤二
纸本彩铅 2023 年

图 2-3-3 叶姝晴《宫阙动高秋》步骤三
纸本彩铅 2023 年

图 2-3-4 叶姝晴《宫阙动高秋》步骤四
纸本彩铅 2023 年

四、调整完成

在画面的不同部分之间来回观察，评估色彩是否和谐，是否需要增强或降低某些色域来达到整体的平衡。在相邻的色块之间使用中间色彩，以平滑过渡，减少突兀感，使画面更加自然。从远处或通过镜子反向观看作品，以获得新的视角，确认构图的动态平衡和视觉流动是否符合预期。对画面进行最后的检查，修正任何可能的失误，如不必要的斑点或不均匀的线条，并清晰描绘出那些需要突出的部分。通过细致的深入刻画和周到的调整，彩铅画作最终将展现出丰富的层次和精细的质感，呈现出创作者对建筑风景深刻理解和独特感受的成果。

在图2-3-5中，干性材料的运用在描绘灰瓦白墙结构建筑上展现了其独特的艺术魅力，细腻的笔触巧妙地捕捉了建筑物的轮廓和细节，以及光线在其表面产生的阴影和明暗对比，这种对比不仅增强了建

图 2-3-5　张博雯《故乡掠影》步骤图　纸本彩铅　2023 年

筑物的立体感，也深化了画面的整体色调感。画家运用干性材料，以其特有的质地和色彩，刻画出灰瓦的粗糙和白墙的平滑，使建筑物的质感得以完美呈现。创作者在刻画建筑物的同时，也巧妙地融入了朦胧的诗意美感，以细腻的笔触描绘出微妙的光影效果，使画面中的建筑物仿佛被一层淡淡的雾气所笼罩，增添了几分神秘和迷人的色彩。

彩铅与水彩的作画顺序有一定的相似之处，都是从浅色往深色一步一步推进。在使用彩铅进行构图起形的时候，需保持线稿的干净，并对画面进行适当的取舍和调整，以使画面看起来均衡自然，同时关注透视比例的正确性。接下来是铺大关系，需要将繁杂的景物简化为几个层次，避免画面显得碎片化，同时利用彩铅的深浅变化表现树木特质。深入刻画阶段，需要提升对景色的艺术感受，通过彩铅的斑驳色彩展现景物的历史痕迹和生活气息，强化细节、色彩和体积质感的塑造。最后是调整完成阶段，对画面进行全面检查，包括空间感、冷暖色彩、色调、细节与质感、体积等，通过色彩对比，表现出彩铅画的细腻美感。

第四节　综合材料的建筑风景写生步骤

在探究建筑风景写生的艺术表现时，综合材料的运用能够提供无限的创作可能，为绘画作品带来丰富的质感和层次。综合材料写生不仅能够让画面展现出独特的视觉效果，还能够帮助艺术家更深入地探索材料与表现力的结合。

在开始写生之前，创作者需要根据所构想的效果和风格，精心挑选适合的综合材料，这些材料可能包括纸张、织物、木板、金属、玻璃、塑料等，并且要准备适宜的底材，不同的底材将会对材料的附着性和表现效果产生影响。创作者需要准备各种画笔、调色板、水杯、喷瓶、擦拭布、旧报纸、旧杂志、绘画颜料、墨水、铅笔、蜡笔、贴纸、拼贴、塑形膏等工具。

一、构图起形

在现场，创作者需要对建筑风景进行全面的观察，包括建筑的结构、光线、色彩及其与环境的关系等。构图时，要考虑如何通过不同材料的叠加和交错来表现画面的远近、明暗、冷暖等视觉效果。构图的初步草图可以用铅笔或轻微的水彩勾勒，以便于后续材料的叠加。

二、铺大色块

使用水彩或丙烯颜料在画布上打下基础色块，铺设出画面的基本色调和大致的明暗关系。这通常是一种中性色调，可以为画面上的高光和阴影提供对比。例如，如果整体画面表现的是黄昏时分，底色可以是暖色调的橙色或棕色。此时，可以适当运用喷瓶和擦拭布进行材料的推涂和拓印，以创造丰富的底纹质感。搭建色彩与质感基底是任何综合材料风景写生作品中至关重要的一步。它不仅为作品奠定视觉的基调，还为后续的细节处理提供了必要的基础。用大笔刷或其他工具，如海绵、刮刀或手指，将选定的底色涂抹在画布或纸上。可以用水彩或丙烯颜料稀释后涂抹，以创造更多的纹理和流动效果。在底色干透后，开始使用更多的材料来建立质感。您可以用厚重的丙烯颜料或油画棒在画面上添加物理纹理。使用不同的工具，比如梳子、卡片或刮刀在画面上创造线条和纹理，这些纹理可以模仿建筑的轮廓和风景的自然纹理。用更深或更浅的颜色在画面上标示出光源方向和建筑物的轮廓。在这个阶段，还不需要太多细节，只需确定建筑和风景中的主要光暗关系。

三、深入刻画

创作者可以用彩色铅笔、油画棒或炭笔等工具，在已有的基底上分层次地塑造细节。综合材料的使用，尤其是在描绘建筑的纹理、窗户的反射和阴影部分时，能够更加细腻地表现不同材质的特征。在细节逐渐成形后，创作者需要通过深入刻画来增强画面的光影效果和氛围感。可以使用墨水或喷漆，创造出对比强烈的光影和突出的质感层次。例如，在表现夕阳照耀下的建筑时，喷漆可以快速构建出暖色调的光晕效果。在质感和基础光影确定之后，开始使用渐变色来塑造过渡和深度。可以在建筑物的亮部采用暖色系增强光照效果，在阴影部分使用冷色系创造深度感。尝试使用不同的工具和技法，如干刷、湿润混合或点彩增加视觉效果。不同的材料可以提供不同的透明度和覆盖力，这样可以创造出更丰富的层次感。

四、调整完成

在创作接近尾声时，创作者需要审视整个作品，调整色调的协调性、拉开画面的层次感，将刻画完成的地方放在整体中观察。很多创作者会出现一个普遍的问题，就是对于细节的刻画面面俱到，缺少主次的大胆取舍。可通过增添细微纹理或使用油画棒强化某些部位的色彩来提升视觉效果。在这一过程中，创作者应灵活运用各种工具和材料，进行局部遮盖、涂抹和刮擦，旨在实现作品的最终和谐。一旦

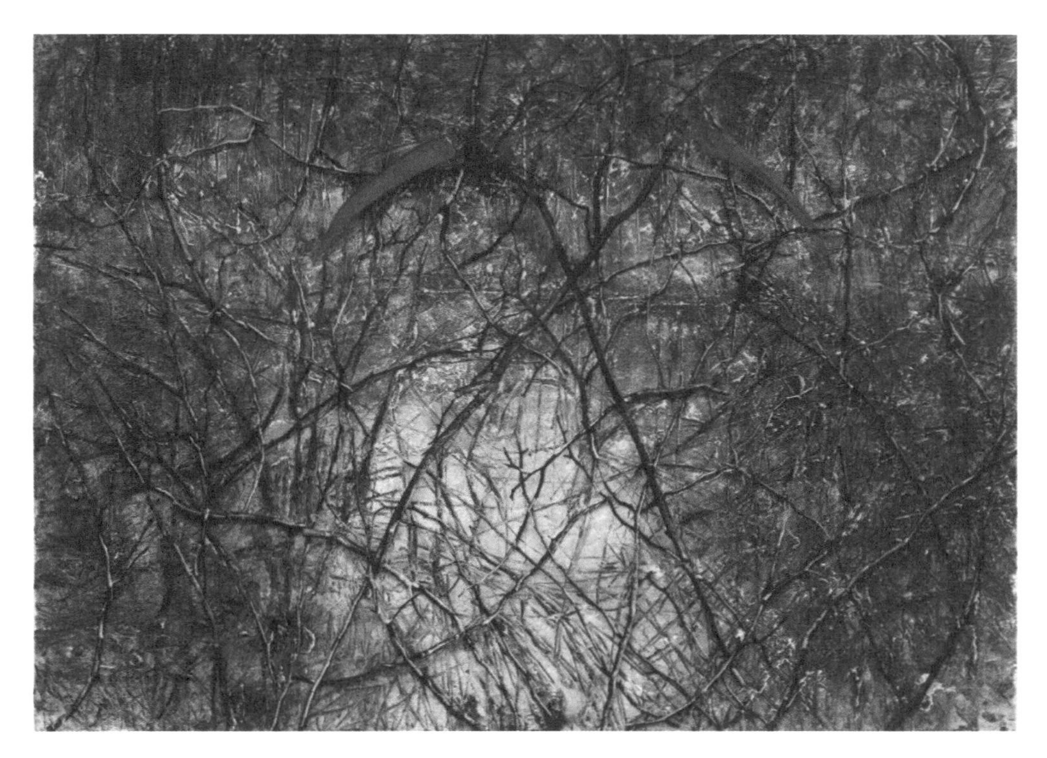

图 2-4-1　基弗《最高节》　布面油画，乳胶，丙烯，虫胶，木头和金属　2019 年

作品的细节和整体效果达到满意的程度，创作者需要对其进行最后的保护处理，如施以喷涂固定剂或覆上一层透明保护剂，以确保作品的颜色和质感能够长期保持。在创作过程中，创作者需要保持对多元材料特性的敏感度，以及对创作过程的适时调整能力。

综合材料的建筑风景写生，不仅仅是对现实的模仿与再现，更是一种通过多种材料综合运用所演绎出的艺术语言和视觉诗学。通过上述步骤的实践和不断的探索实验，艺术家能够在综合材料的使用中找到自己独特的表现方式，使得建筑风景作品呈现出更为丰富和深邃的艺术魅力。

本章介绍了建筑风景写生的作画步骤和各种材料的特点和用途，创作者能够掌握油性、水性、干性和综合材料的画法，并培养创作者的观察能力、表现能力和创造力，提高审美能力，培养综合素质和艺术修养。通过本章的学习，创作者不仅能提高绘画技巧，还能培养观察、分析、表现和创造的素养，为未来的艺术创作奠定坚实的基础。

作业与练习

1. 观察并选择一座建筑进行写生绘画，要求使用油性材料完成。
2. 创作一幅水性材料的建筑风景写生作品，注重色彩和质感的表现。
3. 使用干性材料完成一幅建筑风景写生作品，注重纹理和层次的刻画。
4. 综合运用多种材料，创作一幅个性化的建筑风景写生作品，注重创意和表现手法。

第三章 建筑局部与自然风景写生

本章主要是对建筑局部的写生、自然风景写生做一个讲解，包括建筑局部的屋顶、门窗、砖块、木质结构的表达，自然风景中的山石、水体、田园风光、植物的描绘。面对各种风格的建筑局部和不同地域特色的风景进行写生，是让人身心得到极大愉悦的事情。正如《中庸》所说：致广大而尽精微。局部的精彩才能架构出一张精彩绝伦的佳作。以下将结合典型案例，对常见的几种局部的主要建筑要素和自然风景的具体描绘方法做介绍，相信通过对这些局部的学习和运用将有助于学习者建筑绘画表现力的增强。

知识点：

1. 建筑局部写生的不同对象：屋顶、门窗、砖石、木质结构。
2. 自然风景写生的不同对象：山石、水体、田园风光、植物。
3. 建筑局部写生和自然风景写生的特点和表现方法。

教学目标：

1. 掌握建筑局部和自然风景写生的不同对象和特点。
2. 熟练建筑局部和自然风景写生的方法步骤和绘画技巧。
3. 培养写生者对建筑局部和自然风景的观察能力，使其了解表现方法。
4. 提高写生者对建筑局部与自然风景写生的审美和理解能力。

教学重点：

1. 建筑局部和自然风景写生的画面对象和特点。
2. 建筑局部和自然风景的表现方法。

教学难点：

准确地表现建筑局部和自然风景写生的画面细节和特征。

思政小课堂

通过讲解建筑局部和自然风景写生的绘画步骤和技巧，引导创作者对建筑和自然的关系进行思考。通过欣赏和分析经典建筑和建筑风景作品，让创作者了解建筑和自然的和谐共生，培养创作者的审美能力和创作意识。

第一节　建筑局部屋顶的写生

在进行屋顶的写生绘画的时候，首先要注意的是在起型过程中透视的准确性，透视关系要准确。画出屋顶的明暗关系，确定好色彩的明度和纯度，把握好整体的色调，房屋整体的色调相对偏暗沉冷色调。然后再去取舍所画的屋顶景别（近景、中景，以及远景），最后才确定瓦片的具体表达方式，注意瓦片虚实关系，切记注意区分，否则容易刻画死板。

图 3-1-1　徐佳楠《西递古镇屋顶》　纸本水彩　2023 年

画面中的前景中的屋顶，其瓦片是需要着重刻画表现的，是画面较为写实的部分，需要有比较清晰的瓦线，瓦线需要呈现出近大远小、近实远虚的空间关系。在作画时可先以较为厚重的笔触表达线条，依瓦槽的方向断续铺出底色而后由檐口开始依照透视的状况自下而上地用短小弧线勾勒瓦片，需要注意，笔触过于均匀整齐容易呆板、单调。作画的时候尽量使用较为轻松的笔触，用笔大胆，在实的部分旁边用大笔触的色调去概括，画面有时候需要露出实线、留出空白，虚实相生。

图 3-1-2　杨舒婷《婺源屋顶》
钢笔淡彩　2019 年

高光体现物象的质感，瓦片的质感也是通过太阳光线得以体现。瓦片排列整齐有规则，根据透视规律表现出近大远小之感，前景近距离的瓦片清晰可见，可以刻画更仔细，瓦片的边缘用重色肯定地表达，表达出瓦片的厚度和硬度，瓦片往往都是深色，所以暗部的颜色偏重。随着距离越远瓦片的密度越大，瓦线也越来越模糊。

由近及远的屋顶慢慢地随着细节越来越模糊，瓦片逐渐消失，可以只是表达瓦槽线的透视结构即可，甚至可以采用留白的方式处理远处的瓦片。在作画过程中整体用笔以瓦槽的方向运笔，宽锋线可时疏时密地构成灰色瓦顶，然后可以用勾线笔勾勒出瓦片的形状，既体现瓦顶的肌理又加强了视觉效果。极远的屋顶会连同房屋一齐呈剪影状，故画时应排除所有细节，以均匀的浅灰色画出，这样可很好地表现出画面深远的空间效果。

图3-1-3采用钢笔加淡彩的作画方式，呈现屋顶的排列整齐工整的瓦槽线。屋顶与屋顶之间的大色块，留白部分的白墙空隙，色块与色块之间很好地构成了画面的点线面，通过屋瓦的耐心刻画，展现出装饰性强烈的视觉效果。

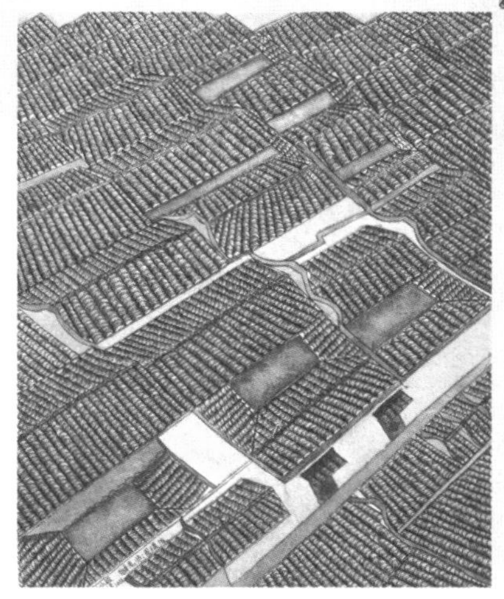

图 3-1-3　孙小钦《四合院的屋顶》　钢笔淡彩　2021 年

第二节　建筑局部门窗的写生

在建筑写生中，门窗是建筑的最基本元素，也是需要着重去刻画的对象之一。不同的建筑风格拥有不同的门窗风格，门窗的设置与布局是需要认真考虑的元素。

图3-2-1所示门窗内部颜色较深，需要用重色去表达，有的内部甚至是漆黑一片，这样画面通过重色去体现画面的黑白灰关系。但是整体的重色需要有颜色倾向，偏暖偏冷根据画面的情况而定，但是不要出现死黑的效果。整个门窗的内部尽量整体且概括地去表达，用内部的整体去衬托外部门窗的细节，能起到很好的相衬作用。

窗的细节中存在大量的点线面元素，线元素多为木质结构，往往需要用比较硬朗的线条和笔触去体现。

窗户需要重点表现玻璃的质感，首先可以较为模糊地表达出玻璃门窗内部的环境，然后再通过用较枯的笔触扫出窗的固有色，着重刻画窗折射出的高光和反光肌理，覆盖在固有色上面，营造出波光粼粼的质感。

图 3-2-1　饶珊《城市呓语 1》
纸本水彩　2020 年

图 3-2-2　杨美旺《居酒屋》
钢笔淡彩　2019 年

门的局部主要是通过门的细节体现，包括门锁和门板表达，门锁是门的表达的重点。不同的门锁有不同的材料表现技法，只要耐心地去刻画，使用多种材料同样可以绘制出细腻生动的门锁局部。门锁可以用重色表达，耐心勾勒出锁的造型，门锁的金属质感需要耐心刻画，门锁细节刻画后再最后进行整体表达。图3-2-4使用有色卡纸作画，形成画面的底色，画出门锁的素描关系，着重表现高光。高光体现锁的质感，高光可以用白色颜料来表达。

图3-2-3　高圣平《旧锁系列》　纸本水彩　2023年

图3-2-4　刘智民《老门锁》　综合材料　2021年

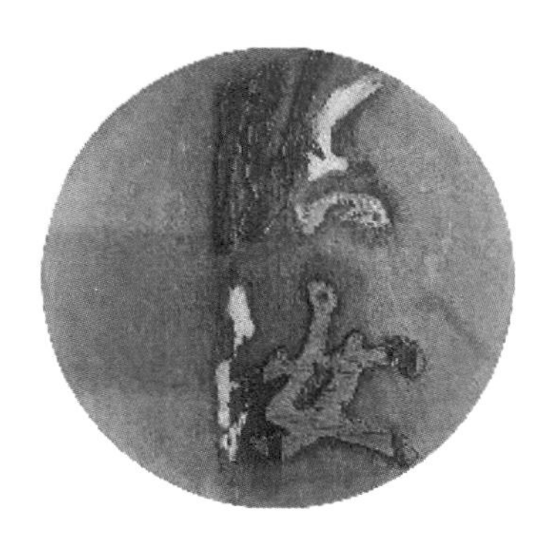

图3-2-5　熊君鑫《锁》　纸本彩铅　2023年

门的表现需要表现出门的基本造型，确立好门的色彩主基调，根据门的颜色来刻画出门的肌理效果。图3-2-7中门的颜色偏熟褐，门的雕花需要耐心刻画，还需要注意门的空间透视关系。

回归到整张画之中，在作画过程中切忌只顾局部细节的描摹，而忽略整体的表达。尤其对于刚入门的初学者，在以门和窗为主体的画面之中，把门窗的主体色调先构建起来，整体性地先概括出画面主要色块，再在整体当中去刻画门和窗的局部特征，在整体当中去求变化。

图 3-2-6 黄依彤《老门系列》 纸本水彩 2023 年

图 3-2-7 杨俊美《旧春联》
纸本水彩 2023 年

第三节　建筑局部砖块的写生

砖块在建筑写生过程中也是经常出现的造型元素。砖块的造型呈现出长方体造型，也有少量的正方体造型，它的体形相对较小，每块砖的固有形状比较接近。砖块的堆砌结构很整齐划一，比较难以区分每块砖的特点，画砖容易出现死板单一的情况。所以，在画砖墙过程中，尤其是出现大面积的砖墙时，最容易出现的问题就是每块砖刻画面面俱到，出现难以割舍的描绘。

在刻画局部的砖石的时候，不需要把每个砖石都刻画得极其清楚、描绘得很仔细，需要有重点地去表达。在进行古建筑写生的时候，会出现年代久远的砖石残缺的情况，需要具体把砖石的年代感体现出来。在作画的过程中，首先需要把砖石当成一个整体去表达。

图3-3-2运用钢笔淡彩画墙面，在大体的整体铺色之后，运用钢笔或者水笔将主体的砖块加以强调，突出主次关系，可使砖的感觉更加突出生动。注重画面的透视关系，某些区域中的斜线处理是为打破砖块水平排列造成的单调感。这样一些概括性和象征性的手法，可以在更多的作品中看到，使画面的排列感和丰富性增强。

图 3-3-1　曾雪倩《痕迹》
钢笔，马克笔　2020 年

图 3-3-2　《墙系列》　纸本水彩　2019 年

图 3-3-3　刘佳琪《旧门系列》　纸本水彩　2023 年

墙的破旧的质感可以用冷色调去表现，用较重的砖块缝隙去表现墙的年代感。石砖的青苔等肌理都需要认真表现。图3-3-4墙面上的绿藤是很好的表现题材，藤条蔓延在墙面上，密密麻麻的叶子做点缀，画面构成了点线面的效果，墙砖的硬度与植物形成了强烈的对比，让冰冷的墙面焕发出了勃勃生机。

图 3-3-4　古丽梅《藤》　纸本水彩　2021 年

在画砖墙时要注意砖块与周边事物的比例关系，包括站在周围的人和环境事物。对于普通的房屋构造，砖块画得太大则不符合比例，同样太小也不符合常理。在一些公共建设和城市建筑中，会运用较大型的砖石块砌筑墙体，因为大型的石块、更具分量感的砖石在视觉上更具庄严感和崇高之感。图3-1-7、图3-1-8在表现砖石时，应首先建立主体砖墙的明暗关系，再去局部找准细微变化，随后认真表现它的缝隙，有虚实、主次关系地刻画出砌缝。画面不一定面面俱到画满，得留有空白画出白缝线。白线让画面营造出更加明亮的效果，即使在暗部区域也应适时地用白色处理，让暗部更具通透之感。

图 3-3-5　梁洁《界里界外 1》　纸本水彩　2017 年

图 3-3-6　梁洁《界里界外 2》　纸本水彩　2017 年

图 3-3-7　梁洁《界里界外 3》　纸本水彩　2017 年

图 3-3-8　饶珊《城市呓语 3》　纸本水彩　2020 年

第四节　建筑局部木质结构的写生

木质结构的房屋主要集中在我国的南方，但是运用木质材料的房屋遍布全国。南北木质结构的房屋是有很大区别的，北方木质房屋比较粗犷厚实，直接将原木一分为二进行拼构，平面朝向房子的里面，弧面粗糙的部位朝向外面，整体做成横向或竖向的构筑，外在的形式整体而较大气。

在长江流域的江南水乡等地，亭台楼榭的木质结构工艺复杂，至今还可以看到很多木质精美的建筑和家具。尤其是建筑物上面的木质房梁装饰雕花、家具、门窗等都极其精美。它们在外观形式上不尽相同，有着各自的地域风格，但其构筑的方式却是大同小异，更多构造都是横板和竖板在梁柱等构架间的拼合连接。在绘画写生过程中，可以从建筑的局部入手，把局部精彩的部分作为画面表现对象，如窗的雕花、木梁的雕刻等。

图 3-4-1　叶雨秋《木梁雕花》　纸本水彩　2023 年

图3-4-2表达的树外皮结构的局部写生，主要是需要把握住木质材料的结构属性，掌握好木质结构的色彩和它的纹理的肌理效果。该作品为彩铅材料完成，需要的是把颜色画准确，多用线的形式把木质纹理概括出来。

图 3-4-2　周思彤《老树皮》　纸本彩铅　2021 年

图3-4-3所示的木质的雕花门窗装饰图案是极其丰富的。无论是从材质还是构筑的形式上看，木构屋宇适合水彩表现画面的质感，颜色相对素雅暗沉，刻画出木板雕花的形体造型，可以使用偏土红色淡淡晕染，增加画面岁月的痕迹。

在表现门窗等木板时，需要耐心刻画木板上面的图案元素。图3-4-4图案上面的肌理效果是需要着重表达的对象。木质的固有色往往偏熟褐和淡淡的土红色，随着年代的增长，颜色往往越来越暗沉，因此，注重木质纹理的表达和画出木质固有色，才能绘制出栩栩如生的木质局部。

图 3-4-3　梁子逸《木雕系列》　纸本水彩　2023 年

图 3-4-4　雷然《木板》　纸本水彩　2023 年

第五节 自然风景中天地山石水体的写生

一、天空

在户外写生过程中，对于大自然的描绘，离不开对天空的表达，往往天空会出现在画面的上半部分，且经常作为画面的远景与背景出现。在写生过程中，往往作画的时候先画天空，对天空进行表达之后再画其他内容。也有不少艺术家，如英国艺术家威廉·透纳，他往往都以天空作为画面的主题进行绘画创作写生。

天空变化莫测且丰富多彩，能够把天空表现得极其丰富，可以赋予艺术作品更多的表现力。印象主义大师西斯莱说："这里天空起着很大作用，它不能成为一个寻常的背景。相反，天空云彩不仅能够以其不同层次有助于造成深度感，而且还能够以其自身的形、结构按照画面总的效果或构图，赋予画面一切以运动感。"

图 3-5-1 李源《镜》 纸本水彩 2016 年

图 3-5-2 李源《灯塔》 纸本水彩 2016 年

在表现天空的过程中，需要注意几个方面：①天空在建筑与风景写生的画面中，往往需要大面积留白的处理方式。②风吹的天空效果需要用线来体现流动感。③大面积留白的处理方式同时也可以着重表现云朵的变化，把云表达出来。

天空往往存在于风景画中的远景，天空的颜色变化会直接影响到地面的色彩变化。天空的颜色会随季节、天气、时间变化而有所不同。天气是不断在变化的，即便是无云的天空，远处的天空和近处的天空，离太阳光很近的天空和远离太阳光的天空，色彩都会有微妙的变化。图3-5-2中晴朗无云的天空，近处的色彩为纯净天蓝色，远处色彩会变淡而偏紫色，有时候天上空云气紫蓝，靠近远山处则会透露淡淡的灰绿。黄昏的时候，天上空会变成灰湖蓝色，下部分又会变成偏黄的蓝紫颜色。往往对于天空的蓝色描绘，要根据天空变化的具体情况运用不同蓝色，有时候是湖蓝色，有时候是钴蓝色，有时候则变为群青色和深蓝色，到最后变成沉稳的普蓝，使用多种蓝色和其他颜色进行调和，才能较为准确地描绘不同的天空颜色。

受季节和天气的影响，天空的颜色也会有时

候由蓝色偏向于绿色系的变化，例如蓝绿色与粉绿色。在云彩变化多端且丰富的时候，受阳光的影响，也会用到红色系的暖色作为白云的暗部，包括泛一点土红色等。为了增强画面的丰富性，在表现天空更亮的时候也会用到一些黄色系的颜色，如柠檬黄和橙黄色等。受日照不同程度影响，不透明的天空往往也会出现偏灰粉色的颜色。而在阴天时，天空灰色的色彩倾向又比较隐晦，需要同画面其他环境的色彩加以比较与衬托。

图 3-5-3　李源《玉龙雪山》　纸本水彩　2015 年

在写生的时候，注意观察天空的颜色是丰富多变的，但是往往颜色都相对比较单纯。以夏日的黄土高原上的天空为例，颜色往往都是很纯的钴蓝色，云朵也很白，色彩特别明快，用色的时候往往会用纯色去表达，笔触更为平整。远处的山和天空边缘通常和天色比较接近，笔触需要一层层覆盖叠加。

在绘画写生表现晴天的云彩的时候，受光和背光的颜色会有冷暖的不同变化。在黄昏时候的天空颜色最为丰富且微妙，出现多种多样的色彩变化，有时难以确定有多黄、多紫、多蓝甚至多灰的明亮天空，或许得要用紫罗兰、柠檬黄与天蓝色多种颜色调和。天空的云彩要注意形状和动势，云色通常比天色要暖和亮丽一点，与天色要衔接好。云雨将至的天空，在描绘时宜用大笔，通过快速流动的笔触表现云气流荡的效果，同时让色彩自然地融合变化。画天空色彩时，可使用大笔触反复平涂地表现出天空的整洁。

图3-5-4在画云朵时，需要着重光线在云彩上的表现。云的上部因天光反射、颜色偏冷，是单纯的蓝色，但云影底部的颜色可适当使用暖色来增强画面的对比。云的表现使用也需要表现出云的空间体积，增强云的厚重体量感。

图3-5-5在用水彩表现云朵的时候，多用湿的雀接法或湿的重叠法来表现其色彩变化，这样才利于表现云朵柔软、飘浮的质感。在用油画、丙烯表现时同样需要用蓝色表现天空，云朵可以更厚重，外形更加变幻莫测。

图 3-5-4 孙培龙《天空系列》 布面丙烯 2019 年

图 3-5-5 李源《在海边》 纸本水彩 2015 年

在风景写生中，天空的变化比较复杂。无论早、中、晚，还是各种气候条件，天空都呈现不同的面貌。即使是在同一时间的天空，也有上下左右的变化。所以，我们面对天空只有进行反复观察，才能发现它最本质的规律。凡·高在表现星夜的天空过程中，画面以月亮和满天的星星为主，夜空占据画面四分之三的面积，其夸张而卷曲的笔触显得动荡不安，甚至是激动，强烈的旋涡图案像波浪一样在滚动。画面中遍布着明亮的球体，它们的周围都环绕着白光和黄光。用明亮的白色和黄色来画星星及周围的光晕，又给人一种温暖光明的感觉。凡·高运用浓厚并且短促的笔触，交织成弯曲的旋转线条，海浪般的图形使画面呈现出炫目的奇幻景象，画中旋涡状的天空与平静的村落形成对比。在大面积冷色调的流动星云中，一轮橙色的月亮散发出亮光，仿佛明灯般点亮了沉寂的夜空，奇幻的色彩给人留下深刻印象。

天空是自古很多艺术家喜欢去表达的题材，天空是变化莫测且丰富多彩的。变化多端的云彩，多姿多彩的天空，如暴风雨前夕的天空、朦胧含蓄的朝雾以及朦胧的月夜在风景画中，都能表现一种特有的意境。

总而言之，在表现天空的各种情况时，尽管可以使用多种绘画材料、多种多样的绘画技法，但更重要的是根据画者的真实感受创造性地真诚运用到画面之中。

二、陆地

陆地的颜色丰富多彩，不同的地域呈现出不一样的色彩基调。写生石路，如上文所提到的砖石的画法，除了要画出石块大小相间的关系外，还要注意近处的石块要大而疏、远处的石块要小而密。蜿蜒盘旋的公路和山路需要表现的是近大远小的透视感，犹如长龙般盘旋在地面。

图3-5-6在表现大地的时候，运用点线面，注意画面近疏远密、近大远小的物体，以及近实远虚的变化。地面还可以用大面积的“飞白”线条和点来表现。

图 3-5-6 田筱源《天路》 布面油画 2023 年

图3-5-7中远处的高山不需要画得过深过绿，颜色相对偏灰色，只要将天空的颜色画正确，在天空和云彩铺色完成后再铺远山的色彩，就比较容易控制那微弱的色彩差距。山愈远则色彩越核近，山越近则色彩对比越明显。同时也要注意同类色的调和，天与山的色彩关系就可以和谐起来。远景的山颜色需要整体和谐，尽量做到统一的色调，颜色以浅灰蓝色、浅灰绿色等居多表现远处的高山，颜色用冷暖对比表示山体受光和背光的起伏变化，不是仅仅只有颜色的深浅来表示。

图 3-5-7　田筱源《高山田园》　布面油画　2023 年

图3-5-8在表现夕阳的时候，陆地空间的场景很开阔，有种辽远之感，远景受光部位偏暗黄色，暗部是补色的冷色。受光的影响，山的颜色有明暗之分，这常常影响着我们对近山颜色的判断。在画面的表现上，笔触要凝重有力且富于更多的变化以表现陆地的气势与基本结构，而树木等植物往往总是画面上相对艳丽的色彩，需要仔细分辨陆地树木、绿植颜色的色彩倾性，并能够准确地寻找出明暗两部分的色彩关系、画面的纯度对比。树木、绿植覆盖在陆地上，在不同的季节中固有色会发生一些明显的变化，光与色也会在固有色的基础上微妙变化，因此需要特别注意强调色彩关系。

图3-5-9表现阳光播撒的地面，远景中的山川颜色呈现出钴蓝和紫色的颜色倾向，整体偏暗，近处的地面偏暖色，近景地面物体刻意放大，形成强烈的空间效果。

图 3-5-8　周英俊《碳中和——新能源建设》
布面油画　2022 年

图 3-5-9　代欣欣《车站》
布面油画　2023 年

三、水面

水的写生主要包括江河湖水、海水。根据水的深浅、波浪起伏、水的面积、气候、季节等不同，水相应有很多的表现方法。

① 表现较为平静的湖水和海面的时候，笔触较为平整，可用横排线表现平静的水面和竖排的笔触去表现倒影。

图 3-5-10　桑建新《湖边风光》　布面油画　2016 年

② 若描绘的是深水，颜色会较重，可用诸如墨绿色、深蓝色等深色调去衬托出山涧溪流和深沉河流。

③ 需要用流动的线条表现波纹，尤其是海浪流动的效果，需要大量的白色线条叠加构成旋涡的感觉。

黄河水颜色偏黄，夹杂泥沙，在表现奔腾的盛况的时候，多用厚重、叠加堆积的笔触去表现，线条有起伏，乱中有规律可循。可使用金黄色来增强画面的黑白灰效果，增强画面视觉感。

④ 可使用白色的曲线来体现疏密得当的波纹。

图 3-5-11　赵竹君《塘边》　水彩　2023 年

图 3-5-12　周英俊《湍》　布面油画　2021 年

图 3-5-13　桑建新《奔腾》　布面油画　2018 年

图3-5-14用带有韵律节奏的流畅线条、较为活泼的笔触来表现湍急的海水。波浪使用的是白色，白色处于画面的视觉中心位置。有石块区域的波纹最丰富，贴近石块的白色最为密集，向外层层扩散开来，笔触松动活泼。

还可以用较为轻松的点笔触和线条去表达水的波光粼粼的效果。画面的波纹有一定的形状，但是没有固定的造型，作画的时候尽量轻松，不需要去抠外形，甚至可以使用播洒的技法去表现水波浪打的效果，滴撒白色来增强画面的活泼轻松效果。

水面的颜色也是极其丰富多彩的，因为可以反射天空和周围的色彩，因此是印象派等艺术家特别喜爱的描绘对象。艺术家莫奈热爱描绘莲池，笔下诞生出无数精彩的画面。中国古代大诗人王勃的《滕王阁序》里咏唱出“秋水共长天一色”的千古名句，写出了自然中和谐统一的色调现象。在晴天的时候，水面映射出岸边的树木倒影，也反射出天空的颜色，在写生过程中，要画出倒影的颜色，再画出反射的天光色彩。一般情况下树木的倒影颜色深于水面的天色，水越清澈，树木的形色在水中倒影也越清晰，而反射的天色呈现出的颜色一般是略微泛紫或者比天空要灰的湖蓝色，具体的画面表现则需要根据当时的天色来决定水与光的色彩。阳光的强弱也同样可以影响到反射的清晰度，也决定着水与光的色调。

图 3-5-14　李源《海事》　纸本水彩　2016 年

平静的水面能够倒映出建筑物和河边的较为清晰的倒影。图3-5-15所示露出水面和岸边的石块，用弧形笔触画出形状，再用更明亮的反映天光的色彩画受光部分，用稍暗的色画青光部。水面的景物也呈现出离岸边越近则越清晰可见，倒影的边缘处理稍微柔和模糊。

图3-5-16所示的水面，横过水面的波纹用灰亮的颜色来画，颜色可以偏黄绿色，水面的整体颜色因为树叶的映衬呈现出墨绿色、翠绿色的效果，在油画写生中可以水平用笔与表现树木倒影的竖向用笔形成较为强烈的对比，使水面具有一定的深度感。如果用水彩和水粉来表现水面，需要很好地运用湿画法，让颜色柔和地相接来表现倒影的朦胧。而水面的波纹，会生动地表现水的特性。

图 3-5-15　张卫强《浮光掠影》　布面油画　2016 年

图 3-5-16　代欣欣《山中小桥》　布面油画　2023 年

白天对建筑物的色彩反射和晚上对各种灯光色彩的反射，更会使画面色彩绚丽起来。而南方水乡的建筑依河而建，包括城市都是沿河分布建筑。夕阳西下的光线照射在水面上，更让画面有了虚实对比的效果，形成了沿河立面的形式美感。图3-5-17表达的夜色的城市灯光下的长江，通过画面的黑白对比更具视觉美感。

图3-5-18所示海边的水面颜色相对较深沉，用普兰、群青色等冷色表现水面，白色的船映衬在水面，水面波纹更加亮丽，形成了强烈的黑白对比，让画面更具视觉冲击力。

图 3-5-17　周英俊《华灯璀璨夜色江城》　布面油画　2021 年

图 3-5-18　饶珊《船》　水彩　2022 年

四、山石

我国境内有很多的山脉，比如天山山脉、横断山脉、太行山脉等，不同的山脉有着不同的地质、地形、地貌，而且都有峰、峦、丘、壑、岗、岭、坡、谷、悬崖峭壁。它们绵延曲折、高低起伏，有着庞大的体积，占据着宽阔的空间。只有看到并了解这种种地形地貌，才有可能描写出山的阴阳、向背、远近、高低等特征。

我国山水画的发展到了宋代，就已经成为独立的画种，在此后山水画的技法和理论都不断有所发展。我国的画论对山水画有着不少经典的论述，古今中外画家辈出，涌现出不少优秀山水画作品，都值得我们借鉴。我们国家名山大川多，地形地貌极其丰富，有着优美、雄奇、壮丽、富饶的自然景观，给我们提供了诸多的绘画题材和学习的条件。早在宋朝时期，画家郭熙就提倡山水画家们要到大自然中去向“真山水”学习。郭熙认为只有通过从真山真水中去观察、体会、感悟，然后才能“山水之意度见矣”。前人的经验和感受，只能作为学习的参考，要向大自然学习，“师造化”才是基础造型最基本的方法。要通过自己在实践中的观察、领悟，让自己的思想感情与大自然融为一体，进而在不断地实践写生过程中提高自己的绘画技巧和能力。

如果把山作为主体物来描写，则要把山画于中近景区，或者如图3-5-20所示直接作为唯一景别进行绘画写生。只画山的最有特征的局部，或山峰或山岭，进行重点刻画，表达出山的气势和特点。在这种情况下，就要考虑山峰的主次和朝向在画面里要安排合理得当。假如从俯视的角度来描绘山，要特别注意山岭的走向、山岭的来龙去脉，包括山峰的主次在画面上的位置安排需要适宜，还有强调画面上的纵向和横向的山形空间、它的虚实描写和空间透视关系处理。

图 3-5-19　田筱源《天堑变通途》　布面油画　2021 年

图 3-5-20　尹艳《大美恩施》　布面油画　2022 年

中国古代山水画特别注意表现山的不同外貌特征、山的气势与特色。为了表现不同的山石结构、质感，国画当中发明了多种用笔方式，创造了很多皴法，如长短披麻皴、大小斧劈皴、折带皴、米点雨点皴等。这些皴法并不是个人主观的臆造，而是前辈画家们通过尝试长期探索出来的结果。由此可见，面对山石进行绘画写生的时候，结合个人对山石的主观感受，适当地采用一些皴法技巧去表现客观对象的特点，也是一种提高绘画效率和增强画面效果的手段。

山石的特点千姿百态，在中国画中山石勾线用笔需要变化多元，毛笔的中锋与侧锋并用，运笔要有抑扬顿挫和方圆转折，每一笔之间需要有连断与避让，否则会呆板没有一丝神韵。具体可参照以下几条：

画出山石的大体轮廓，注意整体造型的走势，外为轮廓，内则为石纹。画细节注意褶皱的开合。可以先用枯笔简单皴擦，初显出凹凸关系。

中国画的线条疏密相间，线条运用得当是一幅好作品的关键。石与石之间要有一定的虚实、疏密关系。一副作品往往都需要画很多遍才能得以完成。在这个过程中，就是需要一遍遍地找明暗关系和虚实。实的石头线条用笔要肯定硬朗，墨黑。虚的地方用线条墨色要淡雅。墨分五彩：干，湿，浓，淡，焦。干用皴画来表现。湿是墨里掺水用来渲染或泼墨，浓墨多用来画近处物体或阴面。淡多画远处的物体或明亮的面。焦，比浓墨更加黑，用以突出画面的最浓黑之处，或勾点或皴。

可以把山石作为画面的主体，铅笔起稿，从局部入手，注意区分石头形状，画出石头体积。注意石头轮廓线处理及颜色区分，注意明暗对比，这样会让画出来的石头更加立体。注意区分水和石头的颜色，画面色调保持统一。石头的前景厚重有肌理，石头的硬朗质感也需要通过肯定的笔触转折变化来体现。

在写生风景过程中，从构图方面考虑，把山尽量安排在远景，把山石作为近景和中景，拉大空间关系。山脚的山石河流处于画面的视觉中心，山脚的基线画在画面的中上方的重要位置，让画面呈现出开阔与空远之感。

图 3-5-21　欧阳德彪《难忘的记忆》
布面油画　2017 年

图 3-5-22　欧阳德彪《沉迷与等待》
布面油画　2014 年

岩石和石雕由于形状的不规则、造型的独特性，相对难以表现。图3-5-23所表现的石狮是很难表达的对象，造型也很难驾驭。在作画的时候需要耐心去起型，勾勒出石狮的整体造型。石狮整体呈现出素雅的冷色调，颜色不宜过艳，整体暗部对比强烈。

图3-5-24可以把岩石处理成画面的焦点。根据每块石头的特点，可以分解成基础的形状：方体、圆柱体、球体、圆锥体。有光必有色，没有光就没有色。阴天的光线会被云层所吸收，可降低画面的对比度，要用较为柔和的颜色处理。无论画什么，都需要注意画面的统一性和整体感，还需要确保所有的颜

色在画面中所存在有意义。确定画面的光源之后，就要确定好岩石的亮部和暗面。还要考虑到中间的色调和不同类型的阴影部分。岩石的平面会经常发生不同的变化，颜色相应也该发生不同的变化。同光线角度相似的平面也会有相似的色彩。

如图 3-5-25 所示，水可以给岩石和峭壁增添一些复杂的元素。假如画的是淹没在水中的岩石，"湿"的外观呈现可以通过降低画面色彩的对比度，增加一些蓝色或者使用更丰富的色彩，认真刻画出石头上面的水纹，营造出波光粼粼的感觉。

图 3-5-23　兰昊曦《石狮系列》　纸本水彩　2023 年

图 3-5-24　刘佳琪《石堆》
纸本水彩　2023 年

图 3-5-25　刘佳琪《波光嶙峋》
纸本水彩　2023 年

石的画法，需要表现的是石的硬度、力量、质感。在中国古代画论里面有“石分三面”的理论，意思是任何石头、石块都是具有立体感、多维度的。所谓三面，指的就是多面的意思，也指的是山石需要概括出它的多面特征，这样才能表现出它的立体感。绘画最大的魅力就在于能够在二维平面上呈现出三维立体的效果，石的表达主要是通过明暗层次体现出它的空间体积感，通过体积的表达才能展现出石的质感。在绘画中量感、体积和质感三者是相辅相成的。

第六节　自然风景中田园风光的写生

自然风景写生作品中，田园风光是最常出现的题材。山川田野呈现出丰富多彩的自然画卷。田园风光中的地面色彩变化，是体现画面深度空间的重要因素，能让画面呈现出纵深感，描绘深度空间能够加强画面宽度与深远空间的效果。地面通常会比天空有更多的细节变化，土地会明显受天空和光线的影响，也受树木等物象的阴影影响，因此通常它的明暗关系的呈现也相对更鲜明。通常情况下，天与地构成了虚与实的对比关系，中间层次分布着远山、房屋、路面与树木。总的来说，地面之所以会比天空呈现出更多的颜色变化，是因为路面街道、房屋屋顶、树冠树枝都会反射天光的亮灰颜色，其和谐对比构成了画面的和谐。地面沿水平方向前后左右地延伸，左右延伸的阴影会构成强烈的水平线形式，与垂直的树木形成横竖对比，纵深中产生色彩明暗关系，体现出向远处延伸的空间效果，呈现出近暖远冷、近浓远淡的色彩感觉。

图 3-6-1　桑建新《乡村小景》
布面油画　2015 年

在强烈的光线下，近景、中景、远景三个景别的色彩色相、纯度和明度以及色性都会对比很分明，有着很强烈的空间感觉；而阳光很微弱的阴天，近景、中景、远景的色调十分接近，展现出统一与整体的视觉效果，表现出较为明显的灰色调。

气候会影响到地面的色彩，绘画写生过程中具体的情况需要具体地观察。地面的小路、草丛、石块等，很容易被画得琐碎杂乱，破坏了画面大的色彩关系和整体色调，因此特别需要注意画面的归纳与处理，统一到整体色彩关系之中。图 3-6-1 表现的乡间小路石块比较粗糙，色彩黑灰而比较沉稳，画出大的起伏色块，色块需要有色彩变化。再蘸上较厚的冷灰或暖灰色，画出受光明亮部分，有时暗部则会有偏暖紫褐色的反光对比。还需要用厚重的笔触和色彩表现山石较为粗糙的肌理效果。

图 3-6-2　周英俊《北国风光》　布面油画　2022 年

乡村田园和房屋作为风景画经常出现的点缀或主体，一定程度上具有地域文化的特征，同时也给风景增添了鲜活的生气。表现房屋色彩时，首先要观察当地民居的造型和色彩特征。现如今乡村的面貌日新月异，很多房屋呈现出多姿多彩的颜色外貌，在写生的过程中，为了让画面更加协调，要主动

图 3-6-3　黄思萍《田园风光系列》
纸本水彩　2023 年

图 3-6-4　徐俊杰《乡村大树》
布面丙烯　2023 年

地根据画面的整体色调去加以强化或减弱，以寻求画面中的整体和谐。红色砖瓦的房屋在画面中常常成为暖色的点缀，青砖灰瓦的房屋则根据画面中色彩的倾向来润色，注意不要在画面中出现灰脏的情况。

在自然中去寻找灵感，对景写生寻找素材，画面中的人为痕迹也是写生的重点对象，小桥流水、袅袅炊烟等，包括各个地方的建筑，决定着画面不同的色调和意蕴。例如北方的雪景，颜色有着鲜明的对比，需要画出白雪的色调，需要做冷暖的效果处理，白雪暗部要画上带冷暖倾向的树和草，也可以通过周围的色彩对比和并置，对比出白雪的色彩倾向。树木的色彩经常和白雪的色彩交织掩映，需要注意二者的色彩关系。

图 3-6-5　周英俊《冬季湖边》　布面油画　2023 年

雪景天空往往也可偏灰紫色和灰蓝色，整体的色调以冷色为主。要表现大雪纷飞的气氛，水彩的表现则用笔不能过于拘谨，在湿色上挥洒白点和盐，让颜色自然流淌，就有了雪花纷纷的意味。油画和丙烯表现受光部分的积雪，可以用刮刀等厚颜料进行堆积，形成强烈的厚薄肌理效果。

在整体的冷色调中透出稍许强烈的暖色或者暖光，可形成强烈的冷暖对比，使画面产生戏剧性的效果，增强画面的表现力。

季节不同（即便同一对象），色调和明暗关系等皆不相同。春季多雾气和风沙，色调淡雅；夏季黑白灰和色彩关系明确强烈，早晚天空绚丽多彩；秋季爽朗，色彩统一明快；冬季阴天灰暗色调复杂，阳光下则显得柔和、温暖。

图3-6-7至图3-6-10是对同一自然风景的四季表达：

① 春季万物复苏，在绿色的主色调基础上，画面出现多种花卉植物的颜色作为点缀。

② 夏季的色彩更为鲜明，颜色更加亮丽，色彩层次更为分明。

③ 秋季写生画面建立的主色调为金黄色，黄色成为画面的主体色彩，暗部大量使用紫色来增强画面的对比。

④ 冬季是万物凋零的季节，尤其是冬日雪景的描绘，整个画面呈现冷白色基调。颜色倾向偏灰蓝色和紫灰色，颜色的变化极其微妙，只能在灰暗的景物上看到正在飘落的雪花纷纷点点，物象的边界很模糊，看不到具体的造型，整体呈现出印象的效果。

图 3-6-6　田筱源《婺源乡村六组画》　宣纸水彩　2017 年

图 3-6-7　周英俊《校园之春》
布面油画　2022 年

图 3-6-8　周英俊《校园之夏》
布面油画　2022 年

图 3-6-9 周英俊《校园之秋》
布面油画 2022 年

图 3-6-10 周英俊《校园之冬》
布面油画 2022 年

第七节 自然风景中植物的写生

自然风景中植物的写生里树是最常见的景物之一，树也是大自然赐予人类生存环境中最美的造物。树的种类繁多，形态多种多样，造型各异，或挺拔，或苍劲，或坚韧，或优美，或枝繁叶茂，或枯枝败叶。自古以来，树一直是文人墨客、诗人画家笔下永恒的主题。对于画画的人来说，他们并不在意树的种类、名称，而在意树木在当时当地所特有的状态，以及它所呈现出来的精神空间。树木与山川、河流等不同，它有循环往复，生生不息，同人类有着相似的生命历程。但树木与花草等弱小生命也有所不同，它不仅身躯高大，更有春夏秋冬和由生到死的千姿百态，同人类的生命追求也是不谋而合。

“不学画树，就画不了风景。”这句话说明画树在风景绘画中的重要地位。画好树是画好风景画的一种重要基本功，在进行树的写生过程中首先要掌握树的姿态，这种姿态主要是以树的外形来体现。

风景写生中，树作为画面的一部分，它虽然并不一定是画面的主体，但要给予一定的重视。画树比较难的点往往在于树的内部结构复杂，树叶层层叠叠，树枝错落难以把控，创作者容易被复杂的局部所迷惑而无从下笔。在建筑风景写生中，最主要的方法就是几何形分析法，是一种对形体结构的归纳方法。所以我们在作画的过程中可以采用眯眼模糊观察的方法，丢掉细枝末节的观察，整体概括整棵树的外形特征，用最基础的几何形状加以概括，找出最主要树干的结构特征，抓住树的基本比例关系，把握好整棵树的姿态。几何形着眼于对形体结构的概括分析和把握，它不如侧影生动但却言简意赅，将一个复杂的图形控制在一个最简便、最清晰的几何形中。这种分析可以让画者很快找出对象的整体与主要部分以及主要部分之间的形式关系、结构关系。用这种方法去表达树，让所有树的细节都囊括在整体之中，然后再去刻画基础的细节，包括树叶和小树枝，这样就能刻画出一棵整体而有特点的树。

图 3-7-1　田筱源《武汉植物园印象之一》　布面油画　2022 年

在写生树木时，还可以采用先画小稿的方法，用草图小稿对对象所呈现出的大明暗效果作布局上的研究。有的树木形体比较简单、明暗关系清晰。但是也不可能总是碰到树冠叶簇的明暗分布图形漂亮并且形体清晰的树木，不要舍弃掉它们，因为可能它们的基本造型更具特色，只是明暗布局不够合理，这时可以利用小稿的方式对其加以处理和进行取舍。

如图3-7-2所示桑建新写生的主体并非一般的山河大地，而是独特的风景：树木。桑建新关于树木的绘画力图表达其唯一性，每棵树都有不同的生命体态特征，都有它的无限丰富性，需要把每棵树绘制得更具有深度，这样才能体现它的独一无二。明代画家董其昌曾说："见奇树，须四面取之。树有左看不入画，而右看入画者，前后亦尔。看得熟，自然传神。"树有各种姿态，需要画者反复观察，才能做到形神兼备。

图3-7-3所示对树的表达，首先需要把树的基本形态特征体现出来。每棵树都具有各自的造型特点，一棵枝繁叶茂的树的基本外形会呈现出一个基本的轮廓，忽略树外观的细枝末节，整体大面积展现出来的外貌特征，便是树的总体造型，总体造型对写生的取景与构图具有决定性参考价值。写生树一定要注意整体，不能只顾局部的细节，只顾细节表达将会因总体特征的模糊而失去其描述性。

在画树的时候一定要注意留白，留有余地。画面要有疏可跑马、密不透风之感。画面主要密集的部位需要透气，"树留三分空"即要学会留有余地，这样能透过树冠看到后面的天空，这就叫作"透气"。若在这些留空之处再加上树枝前后穿插，就使人更觉生动。

图 3-7-2 桑建新《楷模之树》
布面油画 2017 年

图 3-7-3 田筱源《武汉植物园印象之二》
布面油画 2022 年

在树的用色上，春夏的绿色是比较难以处理和区分的。北方秋季的树木呈现美丽的紫褐红黄等各种色彩绚烂的颜色，丰富且多彩，用色使用深红、朱红、褐色、猪石、土黄等一系列的暖色调，结合偏冷的蓝紫、紫罗兰和绿色等对比色的运用，可以画出画面的整体基调。强调光线效果的话要画出树的受光背光的对比冷暖关系；光线比较弱的情况下，要概括地表现出画面中景和远景树的基本固有色。

在黄昏时期，受夕阳光的照射，树木的受光部呈现的是土黄色和红色，暗部颜色倾向则是蓝绿等冷色。树木与草在固有色倾向上会有不同，草偏黄绿一些，在冷光影响下则会偏向粉绿，而树木则更显浓绿一些。树木画得翠绿高纯度就会相对显得生硬，纯度把握不够准确会存在此问题。在写生过程中，在茂密的树叶中点缀几笔天空呈现的颜色，会让树木的色彩区域变得更加通透。

对于树的写生练习，可分两大类进行：一类是以树干为主的树，例如秋冬季节枯叶掉落后的场景；一类是以树叶为主的树，盛夏枝繁叶茂的。树木的颜色四季不同，不同的树木色彩也会产生差别，杜甫的“翠柏深留景，红梨迥得霜”写出初冬树木色彩对比的变化。还有如杨树初春的鹅黄，常常成为风景中最明亮的颜色，而夏季的权木绿色就沉郁单调。

树干的表现：需要首先确立好树干的大小，先建立好主要树干的粗细疏密和它的走势，根据树干的造型建立基本造型，重要的是建立好树干与树干之间的穿插关系。如果只有一个主树干，主树干最重要，它的造型是下大上小，下面粗壮有力，呈现向上走的透视关系，对于分支出来的小树干也需要处理好穿插与遮挡关系。所以，从第一步的起型阶段开始，就要对树干树枝的前后穿插关系、空间透视关系、主次虚实关系等耐心经营处理。画树干需要表达出树的力量、树的坚硬和挺拔之感，需要把树干首先表达清楚，刻画深入，再画穿插的树枝，注意树枝的大小关系，不能出现雷同的树枝，也不能出现左右对称的情况，尽量表现出树干树枝的变化多端之感。而具体勾勒时，要根据树的粗细、刚柔、老嫩等各种变化形成笔触粗细的变化。图 3-7-4 中树枝随着风吹呈现出飞舞摆动的运动感。

树叶的表现：在表现树叶的时候，不需要对树叶做巨细无遗的描绘，每片叶子都毫无保留画下来，只要通过对树叶特征在某些关键部位的强调，用概括的手法表现丰富繁多的树叶，树叶重要的部位足以引发想象力对图像进行补充。

图3-7-5在表现以树叶为主要的树时，需要着重去分析树的构成和它的体积关系。北方的桦树、垂杨柳，南方的相思树等树木，这些树的叶片相对稀松，有的则较细，叶与叶之间不够紧凑，这样就极不适合作很强烈的团块感绘画。掌握树木的基本结构，观察树干和树枝的基本生长方式，不但本身很有趣味，而且对充分表现细微的树叶的基本特征也是极为重要的一环。要绘画树干树枝的生长状态，最好的方法是对冬季的枯树或叶子落光的树多去观察和进行绘画练习。每一个树的种类都会有它的生长特点，去准确真实地描绘，会领略到它的结构之美。

图 3-7-4　周英俊《微风吹拂》
布面油画　2023 年

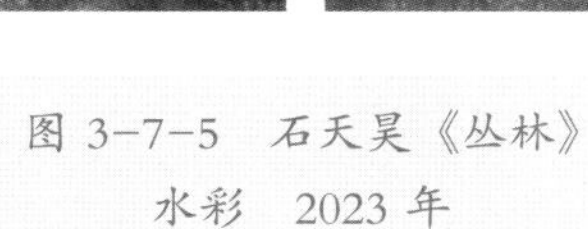

图 3-7-5　石天昊《丛林》
水彩　2023 年

最后对于树的整体描绘，注意画面需要形成自我的风格特色，而不拘泥于具体细节的准确，切忌面面俱到。古人有“画山水不问树”之说，在画里并不需要一定指出这是什么树、那是什么树，“论画以形似，见与儿童邻”。最终画树需要融入具体画面之中，使其成为画面的一个部分。画树也不是为了教科书式的标本图解，需要艺术家通过艺术手法进行加工处理，加以创作而形成更具美感的作品。

草分春夏秋冬四季的草，每个季节的草的颜色都不同，草也是乱中有序，需要把草的整体“势”呈现出来。草与树的具体画法都是先铺大颜色再画细节，建立好画面的整体色调，草的茎叶往往很细，所以多用细笔去表现，多用勾线笔去表达。

水彩中画叶子先画受光部分的亮色，受光部分往往都是绿色为主，暗部可以加大明暗对比，增强画面的光影效果。在表现草的凌乱丰富的时候，在画面中一定要注意乱中有序，主次分明，着重刻画视觉中心区域的草，整体色调和谐统一，仍是以色块准确为主。绿色是很难区分的颜色，尤其是夏季，各种绿色，颜色特别容易纯而无变化，所以需要整体地去观察找变化，区分各个绿色的层次变化加以主观处理，对受光和背光的冷暖加以重点区别。为了避免单调，也需要注意草地远近的色彩明度与纯度的变化。在四季的不同变换中，绿叶的固有色也会发生明显的变化。

图 3-7-6 许艳琴《叶系列》 钢笔淡彩 2020 年

图 3-7-7 高爱敏《绿叶系列》 水彩 2023 年

植物的叶子画法大同小异，都需要把叶子的造型整体勾勒出来，注意每片叶子的走向，每片叶子的颜色尽量进行细微区分处理，尽量不要出现色彩雷同的情况。受光部分冷的话，暗部多用暖色进行冷暖中和。

深秋与冬季的荒草、枯草有丰富的色彩呈现，需要根据画面的具体色彩基调，用土黄、钴蓝甚至熟褐和赭石等色彩调配，画出冷暖和纯度不同的色彩，营造相应的氛围。草丛要通过色彩表现出层次与穿插关系，并注意形态的韵律和笔触的结合。

花和草是相辅相成的，花的颜色的特征是丰富多彩，但是会整体呈现出较为统一的色调，往往在作画的时候需要大量地使用对比色来增强画面的丰富性。大自然是无限丰富的，花的表现更需要多姿多彩的颜色作用于画面之中。

进行花卉作品的写生，首先铺出底色，根据自己喜欢的底色作为画面的基调色，基调颜色要考虑这个画面的和谐。图3-7-10使用绿色同类色蓝色作背景，然后在上面画出重色，铺出画面的暗部颜色，往往暗部都是叶子和花的暗部，画出叶子的重色，花的深颜色也在这个阶段完成，再画叶子的颜色和茎叶，把叶子的层次画丰富起来。最后一步就是画花，用小笔触耐心画出花的造型，画出花的体积，对于画面很满的花卉，着重画主要部分的花，耐心刻画。画面可以多采用点彩画派的方法，注意画面的疏密层次，只要画面有聚有散，可以让画面表达得很丰富。

图 3-7-8 周英俊《塘边芦苇》 布面油画 2021 年

图 3-7-9 周英俊《一岁一枯荣》 布面油画 2021 年

图 3-7-10 周英俊《花花与世界》 布面油画 2023 年

图 3-7-11 周英俊《蓝色忧郁》 布面油画 2022 年

最后，在进行绘画写生过程中，谨记不要去脱离整体的表现而去孤立单一地研习技法，这是因为建筑与风景写生需要在同一时间内兼顾很多的知识和绘画技能，一种技法的掌握与否和运用熟练程度，必须放到特定的写生整体中去加以具体考察练习。所以，学习绘画技法最好的方式就是从具体的实践描绘画面开始。

本章小结

本章讲解了建筑局部和自然风景写生，包括建筑局部的屋顶、门窗、砖石、木质结构和自然风景的山石、水体、田园风光、植物的表现方法和技巧。通过学习不同对象的写生方法和细节的处理，写生者可以更加准确地表现建筑与风景的特征，提高绘画技巧和艺术表现力。

作业与练习

1. 构思并取景选择建筑局部进行绘画，要求注重细节和画面质感的表达。
2. 创作出一幅自然风景山石水体的写生作品，注重造型和光感的表现。
3. 使用不同的绘画材料，完成建筑局部与自然风景的写生作品，注重画面肌理和色彩的运用。
4. 选择一种植物进行写生绘画，注重植物的形态和特点的表现。

4 第四章　城市建筑写生

城市建筑风景写生，建筑物往往是画中的主要内容。建筑物主要是由房顶和墙面构成，但建筑的形式却是变化万千、风格多样的，不同的地域有不同的建筑特点。根据年代的不同，主要分为古代建筑、现代建筑，古代建筑包括宫殿建筑、皇家园林建筑等，现代建筑包括现代城市街道建筑等。

城市建筑写生重点需要体现出建筑的厚重感、历史感以及建筑的质感。在写生的时候需要注意：

① 起型注意建筑的基本比例、建筑的造型形态特征要明确，透视关系是画建筑最大的重点和难点，一定需要把握好空间透视关系，不能出现头重脚轻根基不牢的情况，否则在进行下一步整体铺色的时候，很难再去纠正形体。

② 整体铺色的过程中，从主体入手，着重把视觉中心的形、色处理好，采用干湿结合的表现手法，一般先湿后干，上第一遍色要轻薄湿，铺色虚中有实。

③ 深入刻画与调整阶段，不能面面俱到，不能像画建筑的效果图一样，把建筑的每个细节都表现处理。在绘画中，不单是画形，更主要的是以形传神，通过建筑和环境氛围来表现一定的艺术意境。

知识点：

1. 不同类型的宫殿建筑的特点和表现方法。
2. 城市街道风景的构图和细节表现。
3. 皇家园林建筑的特点和表现方式。

教学目标：

1. 了解宫殿建筑、城市街道风景和皇家园林建筑的特点。
2. 掌握城市建筑写生的观察方法和画面表现技巧。
3. 培养写生者对城市建筑的审美能力和理解能力。
4. 提高写生者的绘画技巧和画面表达能力。

教学重点：

掌握不同类型建筑的特征与风格。

教学难点：

如何准确表达出宫殿建筑、城市街道风景和皇家园林建筑的空间透视和细节。

思政小课堂

通过讲解城市建筑的历史和文化背景，加强艺术思维的启发，引导写生者更加关注传统建筑之美，激发绘画兴趣，注重国内建筑审美培养，培养民族自信与文化自信，养成务实求真、踏实创作的优秀品质。

第一节　宫殿建筑写生表现

宫殿建筑又被称为宫廷建筑，拥有几千年的历史演变，是我国的传统建筑的精华。我国的古代帝王为了突出皇权，加强和巩固自己的统治地位，树立帝王的威严，同时能够极大满足王室的物质生活、精神生活的而营造起规模宏大、气势雄伟的宫殿建筑。宫殿建筑最大特点是外观高大宏伟、内部金碧辉煌。中国古代宫殿建筑往往采取严格的中轴对称的构图方式。古代宫殿建筑被分为两个部分："前朝后寝"，"前朝"是帝王与大臣们上朝商议治政、举行盛大节日庆典等的场所，"后寝"是皇帝与后妃们生活起居所在。

以北京故宫为例，全名北京故宫博物院，旧称为紫禁城，位于北京中轴线的中心，是中国明、清两代二十四位皇帝的皇家宫殿，是中国古代汉族宫廷建筑之精华，也是世界上现存规模最大、保存最为完整的木质结构古建筑之一。故宫有大小宫殿七十多座，房屋九千余间，以太和殿、中和殿、保和殿三大殿为中心，沿着南北向在中轴线排列，三大殿、后三宫、御花园都位于这条中轴线上，并向两旁展开，左右对称。这条中轴线不仅贯穿在紫禁城内，而且南达永定门，北到鼓楼、钟楼，贯穿了整个城市，气魄宏伟，规划严整，极为壮观。故宫的建筑十分注意屋顶的装饰，在屋角处做出翘角飞檐的装饰，非常精致独特。飞檐是中国传统建筑屋檐的构造形式，四角翘伸，如同飞鸟展翅，轻盈活泼，是中国风格的重要表现之一。飞檐上装饰着各种雕刻彩绘，瓦件上还装饰着龙凤、狮子、海马等立体动物的形象，象征着吉祥和威严，这些构件在建筑上起了非常重要的装饰作用，使得故宫看上去更加气势巍峨、金碧辉煌。

在进行宫殿建筑绘画写生中，构图是首要，在取景过程中要体现出宫殿建筑的气势、建筑的透视之美，把宫殿的气魄宏伟的造型展现出来，同时在上色过程中体现出宫殿建筑颜色的高贵单纯、细节的丰富多彩。

宫殿建筑写生具体分为四个步骤：

① 取景构图。认真勾勒出宫殿建筑的细节，宫殿建筑注意画面的空间透视关系，透视关系一定要准确。

② 进行整体铺色。从画面的主体入手，进行整体色调的把握。

③ 深入刻画主体。从视觉中心入手，尽可能把细节画深入，丰富画面的主体部分，注意画面颜色的区分，切忌出现画乱的情况。

④ 整体调整。画面最后能够细致表现出宫殿外景的富丽堂皇，通过局部细节的刻画让画面很耐看，暖色的夕阳与前景的冷色做对比，拉出画面的空间距离。

图 4-1-1　余可馨《夕阳下的宫殿一角》　纸本水彩　2023 年

宫殿建筑写生重点需要表现宫殿的气势宏大、装修豪华、结构复杂、装饰丰富等特征，可以着重围绕具有代表性的建筑局部进行写生。

城楼的表现也是宫殿建筑写生的重要绘画表现题材。图4-1-4通过仰视的视角构图，突出楼的对称性与庄重感，远处翻滚、色彩斑斓的云彩，映衬出楼的高大肃穆与庄严之感。

油画建筑绘画练习注意事项如下：

① 建立画面的视觉中心，可以是窗户或屋顶瓷砖等局部。把视觉中心点画在绘画的中心区域，这样做可以避免构图偏差的情况出现。

② 找视平线。画画面的地平线，地平线是同眼睛平齐的。在画面上用起稿的方式画一条线用以代表地平线。需要注意的是线的位置会影响视线中天空与地面的面积。

③ 若画面上建筑的墙面积很大，那么墙面最终会在地平线上某个地方后退，这个点被称为透视的消失点。每个建筑或结构，遵循透视原则都会有自己的消失点。

④ 建筑的任何方面，如门廊或阳台，落在地平线以下，会产生一个角度，也会向消失点后退。那么

如何去绘制建筑物的各种角度？一个实用的经验就是位于地平线附近的结构，会产生一个小角度，位于地平线之上、之下的结构会产生陡峭的角度。在一幅画上，窗户之间的间隔通常并不均匀。如果一堵墙从观者那里退去，窗户、门和其他部件之间的空间就会变得更小，显得更挤在一起。门会显得更窄，烟囱会显得更薄，包括中间的空间。在许多情况下，建筑物不是完美的直角，墙壁没有清晰的角落。拥有历史感的砖墙、损坏的墙皮，给这样的建筑物组成增加一种魅力和真实感。

图 4-1-2　郭乐瑶《天坛祈年殿》　纸本水彩　2023 年

图 4-1-3　李欣如《宫殿一角》　布面油画　2023 年

图 4-1-4　孙浩冉《黄鹤楼》布面油画　2023 年

第二节　城市街道风景写生表现

城市建筑在提供人类居住和使用功能之外，其自身的美学价值不可辩驳地存在于人类发展的每一个历史时期。建筑有着“城市的雕塑”“凝固的音乐”之类的美誉，可见建筑以其独特的艺术形象，带给人以美的享受。寻求城市建筑的形式美，将是不同历史时期的每一位建筑设计师所追求的最终目标，同时也是每一位绘画写生者们乐此不疲的创作灵感来源。

城市具有脉搏心跳，是有生命的。街道就是城市的筋脉，每一条街道都有着属于自己的历史，或新的，或旧的，或已逝去的，或将要发生的，生生不息地展现出它的活力。城市中必然有各式各样的街道，街道有着各式各样的形态特点。城市中贯穿各种大小复杂的街道，每个城市都有其代表性的街道，在进行城市街道风景写生的时候，要重点画出它的特征。

图 4-2-1　胡朝阳《汉口街景》
布面油画　2017 年

图 4-2-2　胡朝阳《汉口街道夜景》
布面油画　2017 年

图 4-2-3　胡朝阳《青岛火车站街景》
布面油画　2022 年

城市街道写生，如果条件允许，可以先步行转转建筑的周围，观察周围环境，在脑海中勾勒一遍它的形状，正所谓“搜尽奇峰打草稿”，需要尽可能构思好画面的空间取舍。写生的时候要特别注意建筑的屋顶形状特征，观察的位置不同，它的形状有可能呈现不一样的状态，如果要读懂建筑的形状，则需要理解屋顶的造型。

一、构图

构图的方式往往可以采用平视、俯视、仰视三种基本构图。

俯视：图4-2-4、图4-2-5所示俯视视觉取景能够很好地表现街道的空间关系，能够描绘较为空旷的城市大场景，画面的视觉冲击力也较为震撼。俯视的大场景画面不仅可以表现一条主干道，还可以表现多条街道，同时也能更多表现城市地域风貌。

图4-2-4 叶凯《武汉·映像》 水彩 2019年

图4-2-5 田筱源《重启》 布面油画 2023年

平视：平视角的构图取景，视平线处在画面的中轴线周围。图4-2-6以街道作为主体的取景方式，可以把城市的建筑物作为中景或者远景，形成很好的虚实处理的表达。画面可以采用焦点透视的构图，近大远小的道路指示线，拉长街道的纵深感，形成强烈的视觉空间，构成一张完整的街景写生作品。

仰视：仰视构图是画街景时使用较多的构图方式。站在街道上写生作画，需要仰视角才能观察到高大的建筑群，才能把想表达的街景近距离展现出来。图4-2-7采用较为对称的构图方式，视平线降低，突出视平线之上的建筑物的空间透视关系，拉远街道的空间透视。作品采用竖长条的构图方式，对称式的取景，地面的马路左右分叉，透视感极强，建筑造型增大近大远小的透视感，形成建筑造型飞天感，前景丰富，弱化远景和四边景物，极具画面感。

图 4-2-6　洛佩慈《城市风光》
布面油画

图 4-2-7　张卫强《巴工房子》
布面油画　2015 年

二、空间关系

建筑风景写生需要重点表现空间关系。

图4-2-8表现街道空间的纵深感，采用焦点透视的构图方式，画面最终的焦点消失在街道尽头，拉大画面的空间距离，通过阳光照射在视点附近，用光影营造画面的氛围感。

图4-2-9采取全景式构图，拉大画面空间距离，拉远画面远景的构图处理方式，街道像长龙般形成近大远小的视觉效果。房屋由近距离的清楚到远距离的模糊成星星点点，俯瞰式的取景方式让城市场景尽收眼底。

图 4-2-8　胡朝阳《汉口中山大道大陆坊》
布面油画　2017 年

图 4-2-9　周英俊《今朝武汉》
布面油画　2022 年

图4-2-10同为俯视的夜景画面，通过一条高铁线的大小展现画面的空间关系和一览无余的城市风貌。在画面颜色的处理表现上，通过降低画面的纯度来体现画面的静穆、素雅之美，强烈的灯光效果形成极强的视觉对比。

图4-2-11取景采取仰视的构图方式，把街道作为主体，舍去掉过多的城市建筑，形成很强的空间感，也造成较为强烈的视觉压迫感。

图 4-2-10　周英俊《夜色黄鹤楼》　布面油画　2022 年

图 4-2-11　李华《大市场系列》　布面油画　2019 年

三、主次关系

写生中画面的主次关系是画面表达的重点，突出主要建筑，弱化甚至取舍掉多余的次要部分，重点去刻画画面的主要部分。

图4-2-12主要表现城市近景，着重近距离刻画表达，降低画面的空间关系，高楼作为背景映衬前景的劳动场景画面，突出城市建设的主要部分。远景只有右上角小部分出现，且进行简单的勾勒，画面主体极具张力，使画面很具饱满之感。

图 4-2-12　叶凯《十堰市·北京路》
纸本水彩　2019 年

图 4-2-13　马佳怡《街角处》　水彩　2023 年

四、画面的表现力

城市风景写生绘画中，画面的表现力是写生的重点，展现出写生者的整体作画风格和审美情趣。作画过程中，房屋的色彩关系能够传达出城市特有的形象与特点，体现出与自然风景绘画更多的不同，城市建筑的色彩主要是人工色彩的呈现。对比和冲突展现出现代的色彩特点。图4-2-14呈现巴黎街头阴郁的色调。房屋的色调往往受到光线的影响，整体和谐统一，但是在自然风景写生中，房屋构造往往是画面引人注目的地方。从造型与色彩上同周围环境形成一定的对比，构成画面的视觉中心，给街道建筑写生增添了更多的人间烟火气息。

图4-2-15中城市街道夜景的展现，采用长条竖构图的表现形式，夜色的色彩使用冷色为主基调，街道使用纯度很高的暖色，形成了强烈的冷暖对比，画面点线面的运用，城市灯光细节的处理，很好地映衬出城市画面的热闹之感。

在喧嚣拥挤的城市中，人们常常被纷繁杂沓的日常生活所牵绊，忽略了身边的一切，包括城市中蕴藏的艺术之美。然而艺术家停下了脚步，认真去聆听城市的呼吸、感知城市的温度、捕捉城市的色彩。无论是白天熙攘的市中心还是黑夜中宁静的街区小巷，城市本身就是一幅充满了印象与反光的巨大画卷。在日光与夜色灯光的交替照耀下，建筑物犹如巨大的绘画框，将城市街道勾勒出一幅幅流动的画面，跃动着城市的活力。而城市的反光，宛如一面镜子，折射出人们内心的情感与思考。

城市街道绘画写生，需要对它怀有热爱之情，需要自觉接受老建筑自然形态以及文化内涵的感召，需要真切地感到写生过程中发生在自我身上的变化，尤其是移情入内、对话建筑那情景交融的时刻，指尖上溢出的形色需全当在拓印画者的情感，色彩是“呼吸的色彩”，充满了“光气”的窜动。

图 4-2-14 郁特里罗《从圣比埃广场看巴黎城》
布面油画 1909 年

图 4-2-15 田筱源《复苏》
布面油画 2022 年

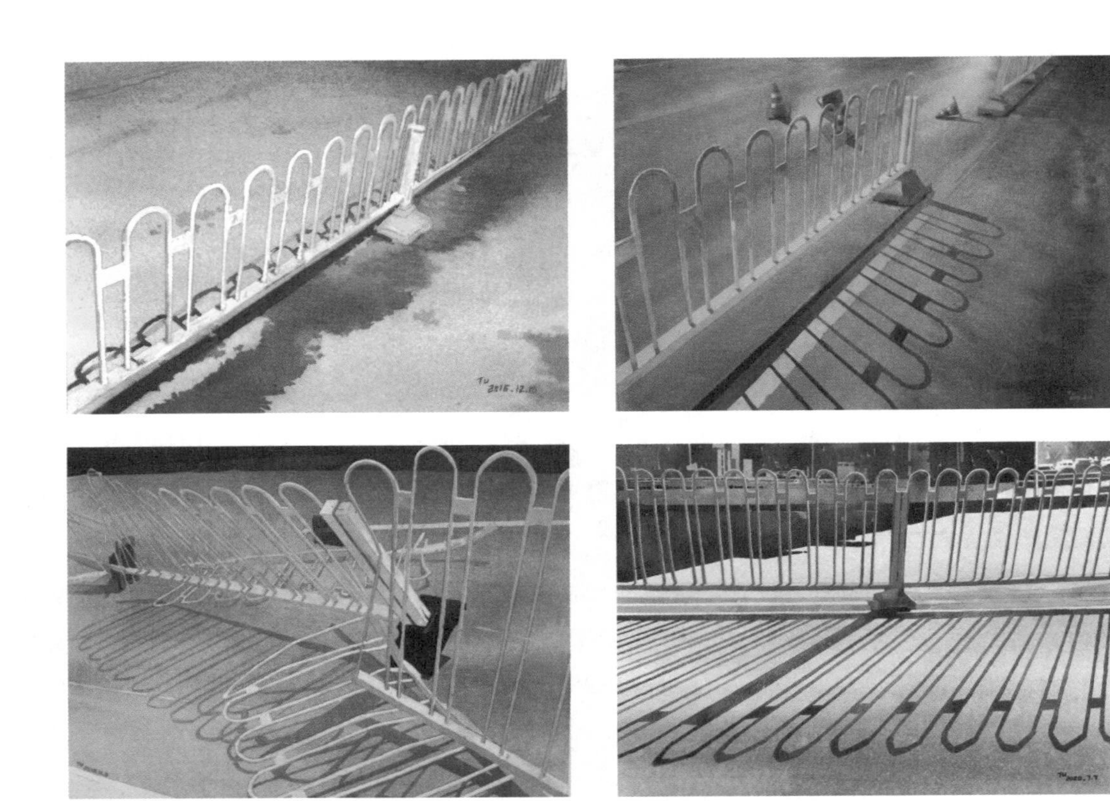

图 4-2-16　涂咏红《夜归系列》　纸本水彩　2018 年

图 4-2-17　刘文琪
《华中商贸起航——汉正街》
布面丙烯　2023 年

图 4-2-18　闫硕《安静的街道》
纸本水彩　2023 年

图 4-2-19　安景顺《小楼一角》
布面丙烯　2022 年

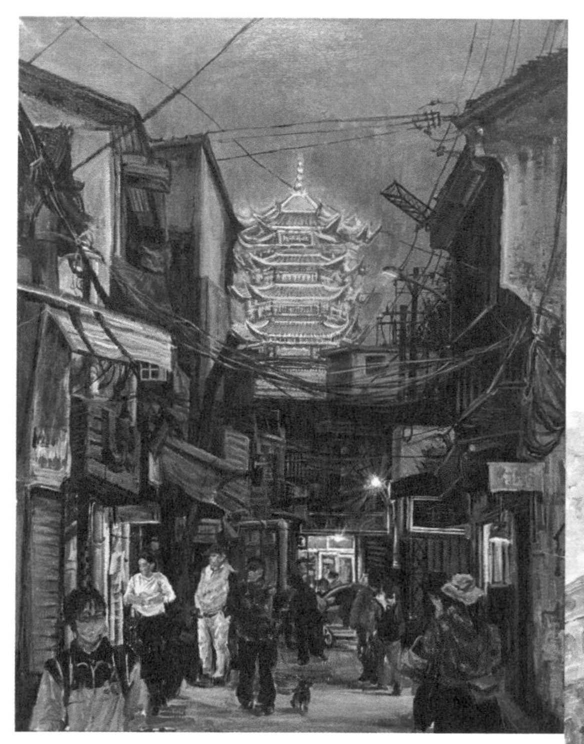

图 4-2-20　叶凯《香港城二期》　水彩　2018 年

图 4-2-21　胡朝阳《青岛街道雪景》　布面油画　2022 年

第三节　皇家园林建筑风景写生表现

皇家园林在我国的古代称为“苑”“囿”“宫苑”“园囿”“御苑”，为我国园林的三种基本类型之一。中国有着几千年的封建帝制历史，皇帝君临天下，拥有着至高无上的权力，皇权是绝对的权威。和前文提到的古代宫殿建筑一样，园林作为皇家生活环境的一个重要组成部分，能够形成区别于其他园林类型的皇家园林。

中国五千年的历史形成了系统完善的园林建筑文化。我国地域广阔，东西南北拥有漫长的边境线和海岸线，囊括了不同的时空与地域的山川河流，包罗万象，自然生成了风光秀丽的景致。从古至今中国人就对大自然怀有特殊的情感，热衷赞美大好河山，打造生活环境，营造出别具一格的诗情画意。中国古代园林的美学感受具有多维度、多层次的特点。园林的建造会被分成诸多的景区，各有特色又相得益彰，通过漏窗、门洞、竹林、假山等多种造园手段保持一种若即若离的关系，相互补充又互为借景，达到雾里看花的效果。在造园的风景之中会点缀各种盆景、花台等。

园林艺术是中国传统文化的重要组成部分，在历史的演变和发展过程中，能够真实地反映中国历代王朝不同的历史背景、社会经济的兴衰和工匠、工艺的水平，而且特色鲜明地折射出中国人自然观、人生观和世界观的演变，蕴含了儒、释、道等哲学或宗教思想及山水诗画等传统艺术的影响。它凝聚了中国知识分子和能工巧匠的勤劳与智慧，而且与西方园林艺术相比，它突出地展现了中华民族对于自然和美好生活环境的向往与热爱。中国古代造园技术与中国山水画的发展一直相互影响和推动。

中国传统园林饱含着中国古代的山水观与自然观。清代沈德潜的《复园记》中说“不离轩堂而共履闲旷之域，不出城市而共获山林之性”，这正是古人建造园林所追求的生活状态。中国古代园林崇尚自然之美，创造要似若自然，而园林本身如一幅天然图画，假借各种门廊窗宇造一幅幅别致小景，其美学意趣也同文人画一样追求意境的表达。

中国传统造园艺术的最高境界是“虽由人作，宛自天开”，是中国传统文化中天人合一的哲学思想在园林艺术中的展现。在绘画写生过程中，需要把中国传统造园艺术的思想融入画面之中，让画面呈现出园林的诗情画意。园林绘画写生的作品，与造园之法相同，都是在狭小的空间中营造最完备的景物，以达到天人合一、万物归心的境界。

图4-3-1表现的是普通的园林一角，采用冷色调的处理方式，画面的黑白灰关系明确，前景的水面很通透，用线条去增加了水的流动感，树的层次感强，远景做进一步虚化处理，亭子和白墙的屋顶、瓦片的细节着重刻画，细微处耐心表现，空白处大胆留白，是一张优秀的园林写生作品。

图 4-3-1　张卫强《园林系列二》
布面油画　2016 年

园林风景写生中，对雪景的表现是一大难点。下面是园林风景写生中雪景的基本绘画步骤：

① 取景、构图。画面之中需要包含山石、亭、湖等基本元素，在写生过程中注意构图取景，取景布局上可以不强调明显的、对称性的轴线关系，需要表现出精巧的画面的平衡关系和和谐的整体惑。画面呈现出近景、中景、远景三个景别，确立好主次。前景可以布局假山，中景为遮挡的亭台，远景可以表现树木远山，建立好空间关系。

② 铺色。颜色的整体需要呈现出基本的整体色调，画面可以采用较为暗沉的色彩作为主基调。

③ 塑造。着重描绘前景，刻画视觉中心部分，刻画深入，石头上可以大量使用点作为肌理效果。

④ 调整。画面可明显感受到近景、远景、中景三个景别的空间层次。画面需要把握好虚实与空间关系，围绕画面的雪景氛围展开调整。

图 4-3-2　李珈瑶《瑞雪》　纸本水彩　2023 年

皇家园林风景写生的基本原则：

① 取景山水结合。孔子提出："仁者乐山，智者乐水"，从而把山水与人的品格结合起来。在写生过程中可以有侧重点，重点表现山水。

② 营造仙境。中国古代求仙问道始终是帝王热衷的话题，祈求长生不老之术在皇家园林的构造上也体现得淋漓尽致。

③ 移天缩地，用有限的空间表达无限的空间和内涵。构图空间层次丰富，宋代皇帝宋徽宗的艮岳曾被誉为括天下美、藏古今胜。

图 4-3-3　吴昌武《镇远青龙洞三角亭》
纸本水彩　2021 年

图 4-3-4　庄文雪《假山》
纸本水彩　2023 年

图 4-3-5　刘芷淇《园林石桌石凳》
纸本水彩　2023 年

④ 写生的园林具有诗情画意。中国传统文化中的山水画和山水诗都深刻传达了人们寄情于山水之间，去追求超脱和自然协调、和谐共生的文化思想。由此，山水画和诗所追求的意境成了中国传统园林创作的目标之一。魏晋时期文人谢灵运在他的庄园修建中就追求“四山周回，溪涧交过，水石林竹之美，岩帅暇曲之好”，唐代大诗人白居易在庐山所建草堂则倾心于仰观山、俯听泉、旁魄竹树云石的意境。在绘画写生过程中，这种诗情画意还需要用楹联匾额或刻石的方式进行点缀，以起到很好的点景作用。

⑤ 写生构图注重园林的形式独特。中国传统皇家园林在形式上好似不太强调明显的、对称性的构图，实际上却能够表现出巧妙的平衡意识和强烈的整体感。中国传统皇家园林之所以能区别于西方园林建筑，它的一个很重要的原因就是其整体形式构成的别出心裁。在这种追求和谐自然的园林中，借鉴自然的

山形水势，永久、造型奇特的建筑造型与结构，种类众多的花草树木，弯弯曲曲的园林路径，构成了一幅交织人们的情感与梦想、令人出其不意的园林画卷。

⑥ 绘画写生需要关注造园的高超技艺。中国古代造园师在园林建造过程中，首先是进行园林建造的选址，需要结合阴阳五行风水学说，按照风水学说进行地域划分，从而进行构思构造，确定要表现的主题及内容，因境成景。建造师们运用惜景、障景、对景、框景等多种造园手法对皇家园林的四要素进行合理的空间布局，组织园林位置的排列序列，在最后对细节进行反复打磨推敲。在写生的过程中，要观察到建造师们那种巧妙处理的山体形态、走向、坡度、凸凹虚实的变化，主峰、次峰的位置的细节，包括水池的大小形状和组合方式，亭台、小桥的布局，建筑物的整体造型与群体的造型的巧妙组合，园林重点植物种类和它们的种植方式，园林路径的方向和选材等一系列具体问题。中国古代的传统造园师更多在实践过程中进行即兴创作。

苏州古典园林之中，吴冠中笔下有狮子林、网师园、留园、拙政园等画迹，其中最多见的，无疑就是号称“假山王国”的狮子林。吴冠中笔下的狮子林，如图4-3-6，便是围绕这太湖石假山做文章。他写有《狮子林》一文，认为狮子林湖石假山是意识流的造型体现：“似狮非狮石头林，园林小，堆砌那么多石头，如石头里无文章，便成了堵塞空间的累赘。文章也确在石头世界里：方圆、凹凸、穿凿，顾、盼、迎、合，是狮、是虎、是熊、是豹，或是人，又什么也不是，如果真是，则视觉局限了，空间缩小了！……狮子林的意识流造型构成是抽象的，抽象的形式之美被尊奉于长廊、亭台、松柏等具象的护卫之中，我突出此抽象造型，是有意发扬造园主人的审美意识。”画家笔下的狮子林湖石假山，创造性地运用了挤线抽象绘制的形式，将原本嶙峋峥嵘的太湖石线条作了柔化处理。

图4-3-9画面取材园林一角，用假山作为画面的前景，前景的假山占据了画面的一大半，让画面更具视觉张力，巧妙利用假山的空隙刻画出凉亭的一角和一棵枯树，增添许多遐想空间，远处的房子和树做虚化的处理，进一步拉大了画面的空间距离。画面采用暗沉色调的表现方式，增加了园林建筑的神秘感。

图 4-3-6 吴冠中《狮子林》 彩墨画 1988 年

图 4-3-7 周书珩《圆明园》 布面油画 2023 年

图 4-3-8 周海晴《一缕斜阳》 布面油画 2023 年

图 4-3-9 张卫强《凉亭与枯树》
布面油画 2016 年

图 4-3-10 彭芷钰《夕阳下的园林一角》
纸本水彩 2023 年

总之，在中国古代凡是与帝王相关的宫殿、园林等，建造的首要目标是突出皇权，尊显君权神授的统治地位。到了清代雍正、乾隆时期，皇权的扩大达到了中国封建社会前所未有的程度，这在当时所修建的皇家园林中也得到了充分体现，其皇权的象征寓意比以往范围更广泛、内容更驳杂。整个皇家园林布局象征全国版图，从而表达了“普天之下，莫非王土”的皇权寓意。我国明代造园家文震亨在《长物志》中写到“一峰则太华千寻，一勺则江湖万里”的造园立意。

本章小结

本章介绍了城市建筑的写生，包括宫殿建筑、城市街道风景和皇家园林建筑的表现方法和特点。通过学习不同类型建筑的写生步骤和细节处理，创作者可以更加准确地表现城市建筑的特征，提高自己的绘画技巧和艺术创作能力。

作业与练习

1．观察并选择一座宫殿建筑进行写生绘画，注重氛围和细节的表现。
2．创作一幅城市街道风景的写生作品，注重人物和建筑的关系。
3．使用不同材料完成皇家园林建筑的写生作品，注重景观和空间的表现。

5 第五章 民居建筑写生

知识点：

1. 徽派建筑的特点和风格。
2. 西南竹木结构建筑的特点和写生的表现方法。
3. 陕北窑洞民居建筑的特点和表现方法。

教学目标：

1. 了解徽派建筑、西南竹木结构建筑、陕北窑洞民居建筑的特点和绘画表现方式。
2. 掌握不同类型的民居建筑写生的绘画工具和写生技巧。
3. 培养写生者对民居建筑写生的表达和审美能力。
4. 提高写生者的绘画技巧和写生创作能力。

教学重点：

掌握不同类型的民居建筑特点和写生绘画方式，了解民居建筑的细节特征和氛围感的营造。

教学难点：

如何准确表达不同类型民居建筑的特点、风格、细节和氛围感，使作品更具美感和表现力。

思政小课堂

通过讲解民居建筑的历史文化背景，引导创作者对民居建筑的社会意义和价值进行思考。探讨不同地域、不同民族的民居建筑背后蕴含的历史、文化和人文特点。通过欣赏和分析民居建筑的经典作品，了解民居建筑与人民生活的关系，培养创作者对家园和人居环境的关注和思考。培养基本造型能力和表现能力，掌握良好的绘画表达技巧。培养审美修养，树立绘画的工匠精神。

第一节 徽派建筑写生

徽派建筑是中国古建筑文化中最重要的代表之一，但并非完全指安徽建筑。徽派建筑主要流行于钱塘江上游的新安江流域（徽严地区——一府六县及淳安、建德）、浙西的婺州、衢州及泛徽州地区（江西浮梁、德兴，安徽旌德、石台）。在中国历史上的徽派建筑最初多由婺州（今浙江金华）东阳的工匠参与建造，能工巧匠们尽施其技建造而成。徽派建筑集齐徽州山川风景之灵气，融风俗文化之精华，具有风格独特、结构严谨、雕镂精湛的特征。不论是村镇规划和巧妙的构思，还是平面和空间结构的处理，建筑与雕刻艺术的综合建造都完全展现了鲜明的地域特色。

青砖、小瓦、马头墙是徽派建筑的重要特点。马头墙是徽派建筑中的特色建筑，白墙青瓦，明朗而雅素，总能给人带来一种蕴含着雅致和朴素的历史质感。“小桥流水桃源家，粉墙黛瓦马头墙”是对徽派建筑最为形象生动的描述。这里不论是水车、溪流水乡、古建筑群、石雕木雕，还是青石板古道，都极易入画，处处都是一幅幅美丽的画卷。

徽派建筑是白色、黑色与青灰色的交融，是自然与人文融合的华美乐章。它巧夺天工，并给人以厚重的历史感，也能给前来绘画写生者以无限灵感。在徽派建筑写生中，绘画写生者对特定地理空间需要进行多层次、多角度的感受和认知，并熟练地运用所学绘画技巧去描述客观自然与人文建筑景象，从而表达自己的创作想法，培养绘画造型能力和色彩表现与创作能力，感受与表达自然之美、建筑之美、人文之美。

徽派建筑写生，以安徽宏村、西递古镇为典型代表，要去了解当地的人文历史、建筑及装饰风格等知识，找到具有代表性的建筑，以色彩为表现手段，对景写生。写生者应深入体察与描绘中国传统民居与建筑造型艺术的表现形式、文化内涵及民风民俗，以艺术致敬劳动，坚持以人民为中心的创作导向，深入乡村群众生活，感受乡村发展变革，描绘乡村美好图景，讴歌乡村劳动人民。

中国古人论画“意在笔先”，是中国画“写意”的理论依据。在中国传统水墨画的表现技法上，是以

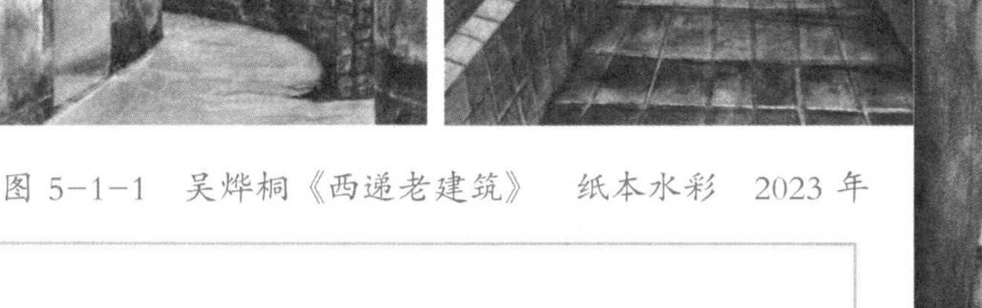
图 5-1-1　吴烨桐《西递老建筑》　纸本水彩　2023 年

图 5-1-2　张嗣宇《墙顶绿植》　纸本水彩　2023 年

酣畅流动的笔墨和简洁概括的笔意抒发画者的思想与精神。在徽派建筑写生过程中，需要一气呵成、即兴抒情之感。一切写景即写情，写生过程中倾向于情感的内在表达，崇尚自然而又不矫揉造作，需要抒发写生者主观的精神感受和内在品性。

图5-1-3表达的是晨曦照耀在村落的朴实画面，充满着印象派的温暖色调，朴实无华。

自然皆美，处处皆景。图5-1-4表现微不足道的墙角、毫不起眼的残砖破瓦，用深色调表达出厚重的历史感，采用近景的构图表现墙面的质感、斑驳的岁月痕迹，阳光的照射让砖墙更显岁月的美感。

图 5-1-3　刘晶晶《晨曦》　纸本水彩　2023 年

图 5-1-4　宋晨冉、金琦《墙角》　纸本水彩　2023 年

徽派建筑在总体构造上依山就势，构思精巧，自然得体，在平面布局上能够做到规模灵活和变幻无穷；在空间结构和利用上造型很丰富，特别是以马头墙、小青瓦最有地方的特色；在建筑上面的雕刻艺术综合处理上，结合石雕、砖雕于一体，让整个建筑显得极具富丽堂皇。

徽派建筑最重要的是具有鲜明的徽州传统风水文化设计。徽派建筑风水理论是徽派建筑鲜明特色形成的主要依据，使生活居住的环境更加符合逢凶化吉、遇难成祥的心理需求，也是中国传统哲学思想“天人合一”的集中体现，表现出徽派建筑在设计上达到建造实体与自然环境和谐共存的理想状态。

徽派建筑给写生者的最初印象是白墙、青瓦、黑墙边，带给人一种简单明快的感觉，反映出居民的生活态度和审美情趣，以及对理想生活的向往和憧憬。古镇的街道、小桥、河流、商店都是取景的对象，十步之内必有芳草，小桥流水与房屋的黑白色块恰好构成动人的点线面画卷，谱写出一幅幅生动鲜活的画面。

图 5-1-5　田峥《西递古镇系列》
纸本水彩　2023 年

图 5-1-6　黄思萍《乡村一景》
纸本水彩　2023 年

图 5-1-7　邵饶堂《屋顶一景》
水笔淡彩　2023 年

图 5-1-8　吴明峰《宏村古镇》　纸本彩铅　2023 年

图 5-1-9　高予萱《古巷》　纸本水彩　2023 年

图 5-1-9 采用冷色调表现，展现出幽静、肃穆的氛围。画面表达石砖的村巷，舍弃掉一切有生命的植物，每一块砖石细致的刻画，虚实的取舍，厚重的边缘性，增强了画面的力度，作品有着后印象主义之父塞尚作品的稳定感。每一块重色的石砖的微妙变化，传达出厚重的力量感。

徽州建筑风格在空间结构上讲究精巧节奏的美感，而徽州三雕——石雕、木雕和砖雕使得这种美感表现得淋漓尽致，是徽州建筑的符号体现。传统建筑写生不仅是传统文化的再现表达，更是传统文化与时代精神的融合，通过现代绘画形式呈现。在写生创作中，建筑与风景写生其艺术的最高境界是营造意象。它充分表达了写生者的主观感受，运用艺术表现技法达到情景交融的效果。

图 5-1-10　黄筱颖《晴空》　纸本水彩　2023 年

徽派建筑写生中，乡村对大城市的学生来说，是一个既熟悉又陌生的地方，他们熟悉的只是“乡村”这个名词，而陌生的是乡村的自然环境和人文景观。在僻静山区从明清保留至今的徽派村落，每一座山、一条河和蜿蜒小路以及建筑造型和砖雕、石刻、木雕等无不让我们流连忘返，它们深刻地记录了一种生活状态。人们在洞见其本民族的美学思想、探寻其现实中的创造激情和理想时，写生对于艺术创作显得格外重要，因为当代文化本身就是在传统文化基础上建立起来的。人类必须不断更新、创建自己的新文化设计理念，才能使民族文化更有活力！

图 5-1-11 朱昊泽《古镇小桥》 纸本水彩 2023 年

第二节 竹木结构建筑写生

竹木结构的房屋建筑在我国南方地区较为普遍。南方木质房屋的数量之多、质量之精、设计之美、历史之悠久便是很好的说明。我国的南方大部分属于热带及亚热带气候地带，夏季炎热多雨，冬季阴冷潮湿，森林覆盖率高，林木属于一种多孔性的材料，导热的系数比较小，是热的不良导体，有调节室内温度的作用，所以木结构的房屋给人以冬暖夏凉的舒适感觉。木屋更适应夏季热、日照强而且日照时间长的南方。

竹材作为建筑材料来使用在人类的建筑历史上由来已久，早期的人类利用原竹搭建房屋，并形成了许多具有历史文化的竹结构建筑，如湖南湘西的吊脚楼建筑、西南傣族的“干栏式”竹楼等。竹子轻质细长强度大，用竹子所建造的房屋在大风中屹然不倒，可见其构造是极其符合力学原理的。

竹木结构房屋屋顶的颜色往往偏重青色，木墙呈现出橘黄色，在写生过程中要注意房屋的透视，房屋往往坐落在错落有致的大山前，背靠大山，房屋排列紧密，呈现联排房屋结构。在取景的时候要把握好近景中景远景三个景别，房屋往往作为画面的视觉中心，也可以采用大场景构图方式，把房屋作为画面的点缀。在颜色的处理上，把握好房屋与青山绿水的环境的整体色调，画面中的绿色的层次需要微妙处理它的变化。

传统的绘画囿于对象性的思维，即“面对面”，人作为主体，景物作为客体，主体的人表达客体的物。在这样的主客二分的模式当中，物不是作为物自身而显露出来的。桑建新试图克服这一困境，他要用“在之中”取代“面对面”。写生就是人与物合一的“在之中”。人当下的存在经验表明，他经历这一个时间和这一个地方中的这一个物。因此，这个物的存在特性既是不可替代的，也是不可重复的，具有

图 5-2-1　桑建新《大渡河桥 1》　布面油画　2015 年

图 5-2-2　桑建新《大渡河桥 2》
布面油画　2015 年

图 5-2-3　桑建新《大渡河桥 3》
布面油画　2015 年

绝对的唯一性。桑建新所画的对象，包括大渡河桥，不仅他人不可替代和重复。而且他自己也不可替代和重复，在这个意义上，他的绘画充分显示出艺术品的独特本性：这一个唯一的存在者。

图5-2-4描绘的木质结构建筑为南方常见的吊脚楼。吊脚楼是祖辈留下来的文化瑰宝和古老建筑。吊脚楼依山而建，枕水而卧，“山深人不觉，全村同在画中居”。它们高高低低、层层落落地散布在大山中，与山、与水、与茂林修竹、与小桥流水，共同绘成一幅幅意境深远的山水画。作者吴昌武采用了温暖的暖色调营造出村寨安静、祥和的画面氛围，通过不同视觉段的光线捕捉来增强画面的氛围感，用色通透，笔法轻松活泼，虚实结合恰到好处，给观者带来阳光明媚的喜悦之感。

图 5-2-4　吴昌武《侗寨晨曦》　纸本水彩　2022 年

图 5-2-5　吴昌武《黄昏》
纸本水彩　2023 年

图 5-2-6　吴昌武《晨曦》
纸本水彩　2023 年

图 5-2-7　吴昌武《夕阳》
纸本水彩　2023 年

图 5-2-8　黄凯《黔东南古村落》
布面油画　2020 年

图 5-2-9　解棋铭《吊脚楼》
布面油画　2023 年

图5-2-10为纸本水墨写生吊脚楼的作品，画面黑白视觉效果冲击力比较强，描绘南方熟悉的乡村、民俗生活的动人场景，虽然缺乏色彩，但是总给人一种浓浓的乡土情怀。在构图上，在点线面和黑白灰的结构关系上，能够恰如其分地表达生活的节奏和趣味、情怀及美学向度。画面也传递出原始氛围，可以引发很多的感情、思想。

图5-2-11展现了木质建筑在阳光照耀下极强的光感，油画风景中的明暗就是在阳光照射下物体所反射的光线。建筑风景写生主要强调画面的空间和体积，明暗对比强烈可以产生空间感。主要的房屋建筑可画得实、浓一些，反之要虚、淡。这样不但表现出画面的情趣，也增强了空间感。空间层次的表现，关键在于处理好近、中、远三个层次的景物。

图 5-2-10　黄凯《吊脚楼》　纸本水墨　2023 年

图 5-2-11　黄凯《晨曦》　布面油画　2022 年

木质结构建筑写生，需要抓住木质结构建筑特有的风貌，用朴素色彩和光线效果表达自然景观的真实呈现。写生作品通常需要具有对色彩的细微变化，捕捉自然界的动人的场景，同时也需要表现出对光线和阴影的敏感。在画作中着重注意细节和房屋的空间透视关系，需要让观众感受到画面的深度和真实感；也要表达出对自然的热爱和敬畏之情，让观众感受到自然的美和神秘。

第三节　窑洞民居建筑写生

窑洞，这个大自然与人类智慧的结合体，是中华民族极重要的文化遗产。每一砖、每一瓦，都蕴藏着千年的历史与文化，是值得我们去珍惜和传承的。它位于我国北方的黄土高原上，是陕北等地区居民的古老居住形式。有的地区的黄土层非常厚，中国的劳动人民创造性地利用高原有利的地形特征，因地制宜凿洞而居，建造了一座座被称为绿色建筑的窑洞。窑洞一般有多种形式，包括靠崖式窑洞、下沉式窑洞、独立式窑洞等，其中的靠山窑应用比较广泛。在过去，劳动人民辛勤劳作和努力奋斗，最基础的理想和目标就是建造几孔窑洞。建窑洞娶妻生子成家立业成了男人在黄土地上的奋斗目标。男人在土地上耕耘，女人则在土窑洞里操持家务和生儿育女。窑洞成为黄土高原的产物、陕北劳动人民的象征，沉积了古老黄土地的深层文化。

艺术作品来源于生活。在黄土高原进行写生绘画创作中，我们可以观察到窑洞民居其墙体主要由生土构成，经久耐用，且随着时间的推移，风化和其他自然因素的作用使其呈现出一种古朴的质感。而这样的肌理效果，无疑为窑洞增添了几分神秘和历史的厚重感，作用于画面一样具有厚重之感。窑洞的门窗设计独具匠心，它们能够融为一体，上为窗，下为门。而在窗格上，几何图案的雕刻无处不在，这不仅体现了窑洞居民的精湛技艺，更是他们对生活的美好寄托和期许，需要绘画者仔细去品味和观察。丰富多彩的拼布门帘也需要认真刻画。这些门帘由各种各样的布料拼接而成，图案种类繁多，色彩斑斓，既有抽象的几何图案，也有寓意吉祥的传统图案，反映出黄土高原人民的乐观、坚韧和对生活的热爱。

窑洞民居建筑的具体绘画步骤如下：①构思起型。确定好窑洞建筑构图，处理好画面的取舍。②整体铺色，建立好画面的主基调。往往黄土高原主基调色为土黄色、深黄色等，通过色调营造画面的氛围。③从整体入手，深入刻画主体房屋建筑。④调整画面。由整体到局部，再由局部回归到整体，进行反复推敲，完成画面效果。

图5-3-2建立好画面主色调为土黄色。不论是石砖结构还是黄土高原地区的土砖结构，都需要耐心去表达，密密麻麻的铺排代表砖块的笔触，会导致视觉忙碌和疲劳，所以需要耐心表达重复当中的不同点，更多需要用厚重笔触去表现墙砖的历史感。画面虚实处理得当，作者最后快完成的时候采用破坏的方式，用浅灰淡黄色整体刷出最后的效果，让画面展现出一层朦胧的色调，同时增强了画面的虚实氛围。

图 5-3-1　白羽平《农家院》
布面油画　2015 年

图 5-3-2　周英俊《郝红梅家的土墙》
布面油画　2018 年

图5-3-3画面采用多边形的构图方式，绿色枣树占据了画面的大部，窑洞的淡黄色成为画面的虚景。作品描绘的是盛夏黄土高原乡村窑洞的景致，画面颜色艳丽，构图饱满，大片的绿色枣树林下面有亮丽的黄色土窑做呼应对比，形成了强烈的视觉冲击效果。

图 5-3-3　周英俊《盛夏枣树》
布面油画　2018 年

图5-3-4整体色调是钴蓝色背景色作为主基调，颜色整体为冷色调，画面处理简约和谐。安静的画面中有动感的树枝，树枝的遮挡增加了画面的层次，整个画面的色调和谐统一，空间透视感强，天空的钴蓝色与窑洞的土黄色起到了对比的戏剧效果。

图5-3-6中窑洞前的生活物品、门前的木桶等都极具生活气息。创作者在沟壑纵横的山区，在雄浑壮阔的黄土高原上，通过写生来记录乡村窑洞居家生活的风貌，体现传统村落的历史文化与自然生态景观。

进行黄土高原写生，想画好一个地方，首先要了解它的地质地貌、人文历史，风俗人情，这样画面

图 5-3-4　周英俊《破窑》　布面油画　2018 年

图 5-3-5　黄彬宁《联排窑洞》
布面油画　2023 年

图 5-3-6　徐昊宇《窑洞门口》　纸本水彩　2023 年

会更具生动亲切感，避免画面的概念空洞。图5-3-7表达的是岁月流淌过的古老窑洞，承载着这里千百年来历史的文化。这里是艺术的圣地、艺术的天堂。面对复杂的自然景色和不断变化的光线，取舍变得尤为重要，前景的背光和投影衬托了山的受光。一个景可画的地方很多，作画时能够凭直觉作画，不脱离第一感受，然后真诚表达出这份感受就足够了。

图 5-3-7　刘永存《屋前摄影》　纸本水彩　2023 年

窑洞民居建筑写生中，对窑洞色调的把握至关重要。色调应该是油画的灵魂，如果一幅油画没有形成一种整体色基调，没有和谐统一且富于变化的色块组合，这幅油画作品一定是失败的。图5-3-8在画布上表现出黄土在阳光照射下的逼真效果，达到色块与色块搭配的和谐统一，形成了美的色调。在色彩关系的处理上，把握住画面意境，无论色调典雅还是明快，以及冷暖色的对比，都需要做到很好的处理。

图 5-3-8　刘诗羽《晨光》　布面油画　2023 年

图5-3-9采用近景的构图取景方式，颜色使用淡黄、中黄、土黄、浅灰蓝进行调和。墙面的受光部，使用刮刀处理大色块，强烈的钴蓝色天空与墙的暖色形成反差。画面光感处理强烈，颜色浓郁，很好地表现了窑洞的温馨、温暖的质感。

能够潜心在黄土地上修行的画家，一定会以自己的艺术情怀和艺术触角，更好地展现这块土地上的厚重和大美；一定会在艺术的天地中，让自己的人生境界和精神向度在诗情画意中更好地升华。

图 5-3-9 周英俊《孙少平的老家》 布面油画 2023 年

本章小结

本章介绍了民居建筑写生，包括徽派建筑、西南竹木结构建筑、陕北窑洞民居建筑的结构特点和绘画表现方法。通过学习不同类型建筑的写生步骤和绘画细节的处理，写生者可以更加熟练地表现出民居建筑的风貌，提高自己的绘画造型能力和审美修养。

作业与练习

1. 观察并选择一座徽派建筑进行写生绘画，注重色彩和形态的表现。
2. 创作一幅西南竹木结构建筑的写生作品，注重结构和细节的表现。
3. 使用不同材料完成北京四合院建筑的写生作品，注重空间和氛围的表现。
4. 观察并选择一座陕北窑洞民居进行写生绘画，注重质感和细节的表现。
5. 创作一幅福建土楼建筑的写生作品，注重形态和文化的表现。

第六章　建筑风景写生大师作品欣赏

在本章，我们将欣赏那些闪耀在建筑与风景写生领域的大师作品。来自国内外的优秀创作者们用他们的笔触和色彩，将建筑和风景活灵活现地表现出来。他们的技巧、风格和手法，为我们提供了丰富的学习资源，帮助我们提升自身的绘画技巧和艺术创作能力，提高观察能力和表现能力、审美能力，从而提升我们的艺术修养和综合素质。欣赏这些作品，可以引导我们思考关于建筑风景创作的态度和表现方式，了解这些大师如何关注并表达社会、自然和人文，从而培养我们对艺术的敏感性和对美的追求。

知识点：

欣赏国内外著名创作者在建筑风景写生方面的作品，研究分析不同创作者的写生风格、表现技巧和创作手法。

教学目标：

1. 技能目标：提高创作者的绘画技巧和艺术创作能力，通过学习大师的作品，借鉴和运用他们的创作技巧和手法，提升个人的写生能力。

2. 情感目标：培养创作者的观察能力和表现能力，提高审美能力，激发创造性思维，培养综合素质，提升艺术修养。

3. 素养目标：通过分析和评价不同创作者的写生作品，培养创作者对建筑风景写生作品的欣赏和理解能力。

教学重点：

赏析国内外著名创作者的建筑风景写生作品，分析和理解他们的创作风格和技巧。

教学难点：

如何借鉴和运用创作者的创作技巧和手法，提升个人的写生能力。

思政小课堂

通过欣赏国内外著名创作者的建筑风景写生作品，引导学生思考创作者对于建筑风景的创作态度和表现方式。通过对创作者的生平和创作背景的介绍，了解创作者对社会、自然和人文的关注和表达。通过分析和讨论创作者的作品，培养学生对艺术的敏感性和对美的追求。

第一节　国内创作者的建筑风景写生作品

一、弘仁

弘仁，明末清初著名的中国画家，主要活跃在江南地区。他是新安画派的重要代表人物，以山水画见长。弘仁的生平细节并不为人所熟知，但他的作品却被广泛收藏并流传至今。他的山水画技艺高超，笔墨运用自如，画风独特，富有诗意，深受文人士大夫的喜爱，也深受普通百姓的欢迎。他的画作以山水为主题，但却不拘泥于传统的山水画技法，而是以自己的独特视角和感悟来表现自然的美。弘仁的艺术精神和创新精神对后世的画家产生了深远的影响，他的画作不仅是他对自然美的独特诠释，也是他对人生哲理的深入思考。

二、髡残

髡残，明末清初著名画家，与石涛、弘仁、朱耷并称为“明末四僧”。髡残主要以画山水、人物、花鸟著称，其作品风格独特，深受艺术界与收藏家的推崇。髡残出生于贫苦家庭，早年做过裁缝，后深受道教影响，剃发为僧，因此得名髡残。他的艺术创作十分丰富，尤其擅长以水墨手法描绘山水，其作品富有诗意，展现出一种超脱世俗的清高之美。髡残的画风独特，他的作品用笔大胆，色彩鲜明，形象生动，极具个性，展现出强烈的表现力。他的艺术创作既受到了古代中国画的影响，同时也融入了自己的独特理念和情感，形成了自己独特的艺术风格。

三、石涛

石涛，明末清初著名画家，广西桂林人，明靖江王朱亨嘉之子。石涛在中国绘画史上占有重要地位，他是艺术实践的探索者和革新者，同时也是艺术理论家。他的画风变化多端，早年山水画以疏秀明洁见长，晚年则更注重笔墨的纵肆挥洒，格法多变。他的花卉画潇洒隽朗，天真烂漫，人物画则生拙古朴，独树一帜。石涛也工于书法，诗文才情出众。石涛提出了“一画论”“搜尽奇峰打草稿”“笔墨当随时代”等艺术理论，对中国画的发展产生了深远影响。

石濤

四、吴冠中

吴冠中，中国现代画家，以对中国传统画的创新见称。他的艺术风格独特，以大胆鲜明的色彩和简洁流畅的线条描绘出自然环境和建筑物的和谐统一，赋予中国画全新的艺术生命。吴冠中出生于江苏扬州的一个书香门第，自幼酷爱绘画，后来在巴黎进修艺术，接受了西方艺术的熏陶。回国后，他结合中国传统画的技法和西方艺术的理念，开创了一种全新的艺术风格。吴冠中的作品饱含浓厚的生活气息，他以自己独特的艺术视角，描绘出中国的山水、乡土、人物和城市风光，表现出对生活和自然的热爱和尊重。他的画作在艺术界和公众中引起了强烈的反响，被誉为“中国现代画的先锋”。吴冠中的艺术创作不仅体现在他的作品中，他还积极参与艺术教育和理论研究，他的艺术理论著作对中国艺术的发展产生了深远影响。他的艺术成就被广泛认可，多次在国内外艺术展览中获奖。

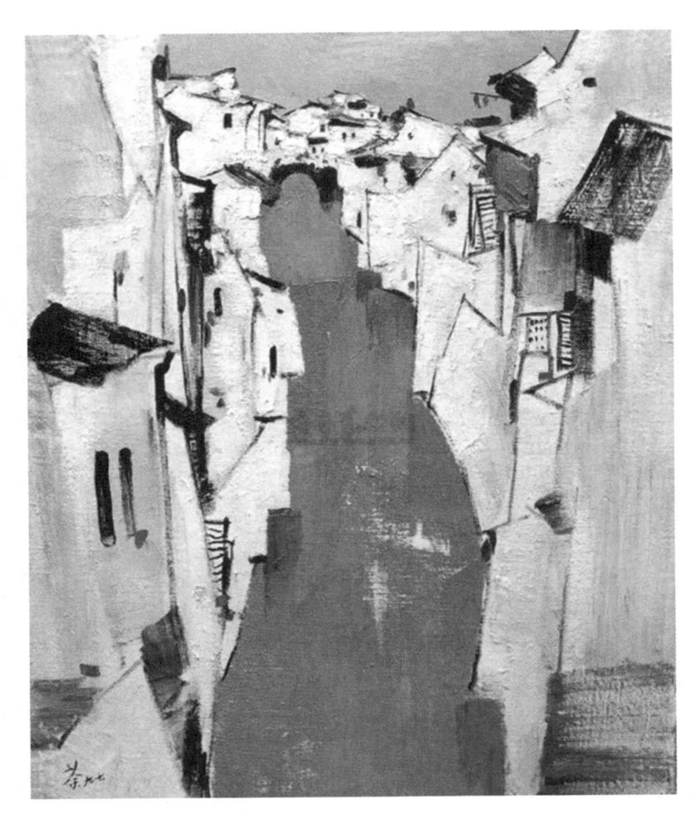

第二节　国外创作者的建筑风景写生作品

一、乔尔乔内

乔尔乔内，文艺复兴时期威尼斯画派的杰出代表，尤其以在风景画领域的创新而闻名。他在绘画中实现了人物与自然风景的和谐融合，开创了独特的艺术风格，对后世产生了深远的影响。在师从乔瓦尼·贝利尼期间，乔尔乔内的绘画技巧得到了极大的提升。乔尔乔内的艺术生涯虽然短暂，但其对绘画特别是建筑风景写生领域的贡献，对威尼斯乃至整个意大利的绘画风格产生了长远的影响。他的作品以其悠长的空间感、精细的光线处理以及对自然环境的深刻理解见长，不仅是视觉上的艺术享受，更是对当时社会文化背景的艺术反映。

二、透纳

透纳，这位英国浪漫主义画家，以其独特的光影技巧掌控而闻名于世。他的作品中流动的光芒和浓烈的色彩，如诗如梦，唤醒了人们对于大自然深沉而又磅礴的力量的敬畏。他的画笔下，自然的神秘和壮丽得到了完美的诠释，而建筑则常常作为人类文明的象征，与大自然形成尖锐而又戏剧性的冲突。在透纳的作品中，他巧妙地展现了建筑与自然的对峙，这种对峙并非单纯的对立，而是一种深刻的辩证关系。透纳的画作充满了浪漫主义的精神，他把自然的力量和人类的渺小、人造的建筑和自然的宏伟、光影的变化和情感的波动，都巧妙地融入了画面中，形成了一种独特的艺术表达。

三、勃鲁盖尔

勃鲁盖尔，16世纪尼德兰的画家，也是欧洲独立风景画的开创者。他对农村生活和民俗传统的绘画刻画精细，被誉为专画农民生活题材的天才，也被称作“农民的勃鲁盖尔”。他的艺术作品不仅受到17世纪荷兰画家的深深敬仰，也为后世的艺术家提供了将艺术与日常生活精彩融合的典范。在勃鲁盖尔的作品中，我们可以感受到他对建筑风景的敏感洞察与想象力，可以看到他对建筑风景细节的精准捕捉。勃鲁盖尔的每一件作品都融合了他对细节的极致追求和对生活的深度理解。

四、柯罗

柯罗，法国巴比松画派的代表艺术家，其以描绘法国乡村和意大利风光而闻名。柯罗创作了许多优美的风景画作，他的作品大都采用灰色调子，作画时非常注重光和空气的细腻变化，擅长描绘阳光明亮透彻的画面。柯罗的作品常常让观众感受到一种朦胧而浪漫的视觉效果，富有田园诗般的幻觉意境。

五、莫奈

莫奈，印象派代表艺术家，他的一生都奉献给了艺术。从印象派开始，绘画有了冷暖色彩。莫奈的作品以其对光与色彩关系的探索而闻名于世，他的艺术才华得到了众多艺术家的赞誉。莫奈以印象派的绘画手法，展示了工业时代建筑与现代生活的融合，并对现代艺术的发展产生了深远影响。莫奈在他的作品中尝试从不同的时间、光线和视角来描绘同一地点，展示了光线和色彩如何影响观察者对景色的感知。

六、塞尚

塞尚，法国画家，被广泛认为是现代艺术的先驱，有着“现代绘画之父”的美誉。塞尚的独特艺术观念和绘画技法对20世纪的立体派、表现主义等艺术运动产生了深远影响。塞尚的作品对结构和空间有着深刻的理解，他将自然界分解为基本的几何形状，如圆柱体、圆锥体和球体，排除烦琐的细节描绘，着力于对物象的简化和概括。他甚至对客观造型进行变形处理，以此来增强作品中的几何意味，这种对于物象的处理方式，使他成功地摆脱了西方艺术传统的再现法则对画家的限制。塞尚对建筑与风景写生的独特表现手法，根本目的是创造一种具有设计构成美感的形、色规律。

七、克里姆特

克里姆特，维也纳分离画派的代表艺术家。克里姆特的作品具有极强的装饰性风格和金色调，深受观众和评论家的喜爱。克里姆特接受过严格的学院派教育，早期主要从事壁画和装饰画的创作。在20世纪初，克里姆特的艺术风格发生了显著的变化。他开始尝试使用金色和象征性的元素来装饰他的作品，建筑元素的黄金装饰与自然相融合，创造了一种梦幻般的氛围和富丽堂皇的效果。克里姆特的艺术观念和独特的艺术风格对象征主义、现代艺术的发展以及后世的艺术家们产生了深远的影响。

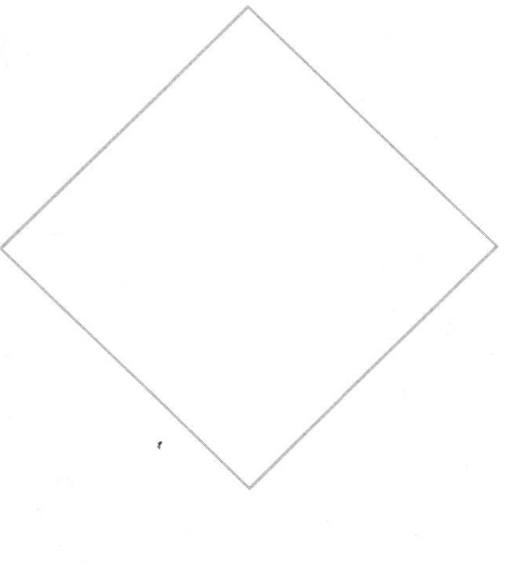
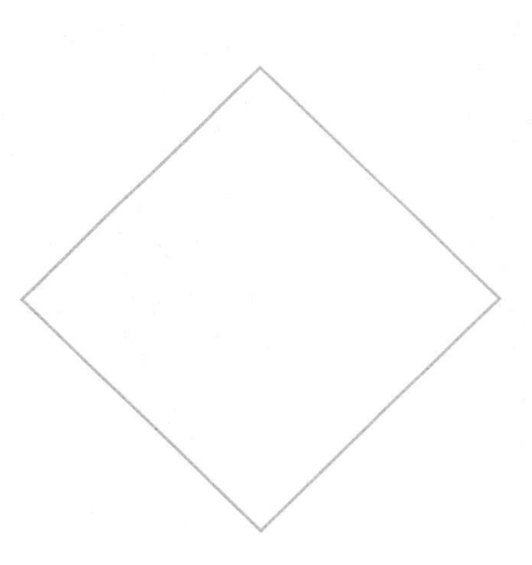

八、博纳尔

博纳尔，法国纳比画派的代表画家。纳比画派是一个强调装饰性和象征性的艺术团体，博纳尔的早期作品常常具有东方的装饰性和色彩鲜明的特点。博纳尔的作品题材广泛，包括室内景色、静物以及裸体模特，这些作品的画风深受印象主义和新印象主义的影响。博纳尔的作品在艺术界享有很高的声誉，他的画风和技巧对后来的艺术流派与艺术创作者产生了深远的影响。他的作品收藏于巴黎的奥赛博物馆、纽约的大都会艺术博物馆等。

九、列宾

列宾，俄国巡回现实主义画派的代表画家，以描绘俄罗斯社会和历史场景而闻名。他的作品与批判现实主义的艺术观念深深地影响着中国的绘画艺术与艺术教育。他的众多作品写实地刻画了建筑和自然环境对人物的影响。

十、维亚尔

维亚尔，法国纳比画派成员。他的艺术创作采用写生现实的方法，不依中心透视法，而是用非常主观与极具装饰性的观念与手法制造形式，画面色彩丰富和深入的质感表达赢得了国际艺术界的广泛赞誉。维亚尔的油画作品主要以自然和建筑为主题，他的笔触细腻，色彩丰富，充满了浓郁的艺术情感。他善于从日常生活中捕捉灵感，将看似平常的人文与景观建筑通过他的画笔展现出惊人的艺术魅力。他的画面中不仅有对自然和建筑的深刻理解，更有对生活和人性的独到见解。

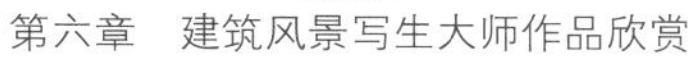

TISSERIE

十一、洛佩兹

洛佩兹，西班牙具象写实主义的代表画家，曾在圣费尔南多皇家美术学院（现为马德里美术学院）研习绘画艺术。他的兴趣领域并不仅限于艺术形式，更深入对光线和空间在画布上的挖掘。洛佩兹的画作刻画精细写实，色彩柔和，对于自然光影的变化捕捉精准。在洛佩兹的建筑与风景写生作品中，他十分关注建筑在自然环境中的位置和空间关系，他作品中的建筑不仅是静态的构造，而是充满故事和历史痕迹的生活空间。通过他的画笔，普通的住宅、市场，甚至工业建筑都被赋予了一种独特的尊严和美感。洛佩兹不仅是一位画家，更是一位建筑风景的诗人，用他的画笔讲述着建筑与自然、光与影、空间与时间之间的故事。洛佩兹曾被授予圣费尔南多皇家美术学院院士的荣誉，有“在世最优秀的现实主义画家”的美称。

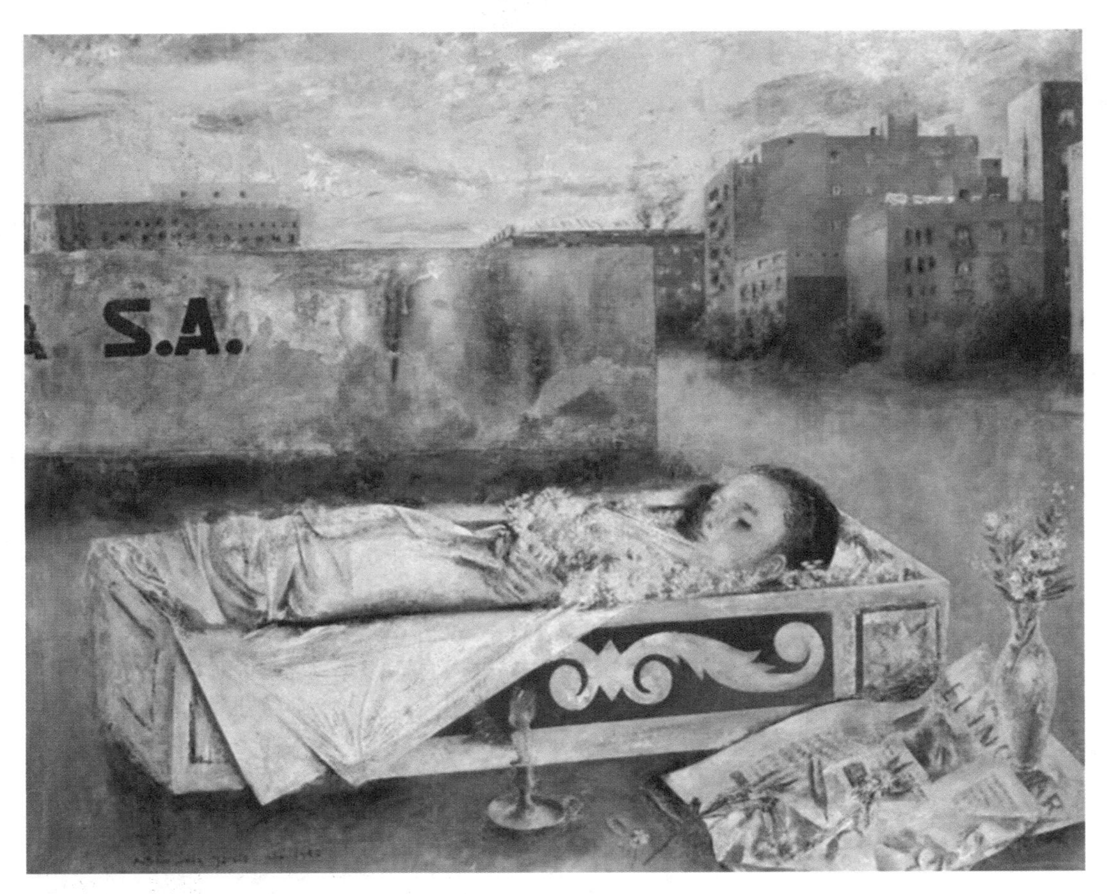
S.A.

本章小结

本章介绍了国内外知名艺术大家的建筑与风景写生作品。通过鉴赏不同艺术家的作品，研究和分析不同艺术家、艺术流派的艺术观念、风格、技巧，综合本书所介绍的写生方式，可以提高艺术鉴赏能力和表达能力。除了理论的学习，还需要充分的艺术实践来帮助吸收和消化知识，因为只有实践中能够表达和运用出来的知识，才算是真正意义上的学会了。

作业与练习

1．选择一位国内创作者的建筑风景写生作品进行仿作，注重表达出创作者的风格和特点。

2．选择一位国外创作者的建筑风景写生作品进行模仿，注重捕捉创作者的用色和构图特点。

3．创作一幅自己的建筑风景写生作品，借鉴国内外创作者的创作技巧和手法，注重表达个人的观点和情感。

参考文献

[1]［美］詹姆斯·埃尔金斯. 图像的领域［M］. 蒋奇谷，译. 南京：江苏凤凰美术出版社，2018.

[2] 陆琦. 风景画的高度：西方名家作品精选［M］. 杭州：浙江人民美术出版社，2010.

[3] 刘晋晋. 图像与符号［M］. 长沙：湖南美术出版社，2021.

[4] 舒新城. 中国近代教育史资料［M］. 北京：人民教育出版社，1961.

[5]［美］鲁道夫·阿恩海姆. 艺术与视知觉：视觉艺术心理学［M］. 滕守先，朱疆源，译. 北京：中国社会科学出版社，1984.

[6] 许江，焦小健. 具象表现绘画文选［M］. 杭州：中国美术学院出版社，2002.

[7] 宗白华. 美学散步［M］. 上海：上海人民出版社，1981.